高等职业教育土建类"互联网十"活页式创新教材

装配式混凝土预制构件制作与运输

马洪涛　张　琨　主　编
徐　婷　侯　杰　副主编
李　楠　张常明　主　审

中国建筑工业出版社

图书在版编目（CIP）数据

装配式混凝土预制构件制作与运输 / 马洪涛，张琨
主编；徐婷等副主编 . -- 北京：中国建筑工业出版社，
2024.12. -- （高等职业教育土建类"互联网+"活页式
创新教材）. -- ISBN 978-7-112-30343-4

Ⅰ . TU37

中国国家版本馆 CIP 数据核字第 2024FB2804 号

　　本书以装配式混凝土预制构件为载体，助力加快建筑业工业化、绿色化、数字化转型，促进绿色发展进行编写。分为 4 个项目，内容包括装配式混凝土建筑及预制构件认知、装配式混凝土预制构件的制作、装配式混凝土预制构件存放与运输、装配式混凝土预制构件质量和安全管理。

　　本教材可作为高等职业院校土建类学生的教材和教学参考书，也可作为建设类行业企业相关技术人员的学习用书。

　　为更好地支持本课程的教学，我们向使用本书的教师免费提供教学课件，有需要者请与出版社联系，索要方式为：1. 邮箱 jckj@cabp.com.cn；2. 电话（010）58337285；3. 建工书院 http：//edu.cabplink.com。

责任编辑：刘平平　吕　娜　李　阳
责任校对：张　颖

高等职业教育土建类"互联网+"活页式创新教材
装配式混凝土预制构件制作与运输

马洪涛　张　琨　主　编
徐　婷　侯　杰　副主编
李　楠　张常明　主　审

*

中国建筑工业出版社出版、发行（北京海淀三里河路 9 号）
各地新华书店、建筑书店经销
北京点击世代文化传媒有限公司制版
北京市密东印刷有限公司印刷

*

开本：787 毫米×1092 毫米　1/16　印张：12½　字数：277 千字
2025 年 5 月第一版　　2025 年 5 月第一次印刷
定价：**48.00** 元（赠教师课件）
ISBN 978-7-112-30343-4
（43714）

版权所有　翻印必究
如有内容及印装质量问题，请与本社读者服务中心联系
电话：（010）58337283　　QQ：2885381756
（地址：北京海淀三里河路 9 号中国建筑工业出版社 604 室　邮政编码：100037）

前　　言

为贯彻落实中共中央办公厅、国务院办公厅印发的《关于推动城乡建设绿色发展的意见》，住房和城乡建设部等部门《关于推动智能建造与建筑工业化协同发展的指导意见》等文件精神，本教材以装配式混凝土预制构件为载体，助力加快建筑业工业化、绿色化、数字化转型，促进绿色发展进行编写。

装配式混凝土建筑行业发展迅速，如何又好又快地进行装配式混凝土预制构件的生产与运输，是确保装配式混凝土建筑工程质量的前提与关键。本教材以装配式混凝土预制构件的制作为主线，系统阐述了预制构件的种类、原材料的验收与保管、预制构件制作工艺流程、预制构件存放与运输、安全管理与文明生产等内容，涵盖装配式混凝土预制构件生产与运输整个过程。

本教材按照活页式教材要求进行编写，主要具有以下特点：

1. 与行业发展紧密相连，内容贴合装配式建筑工程实践需求

活页式教材图文并茂，将数字化资源通过二维码的方式融入纸质教材，形式活泼，方便学生自主学习。教材的编写力求降低理论知识点的难度，兼顾知识、能力和素质三者之间的关系；对接职业标准和岗位需求，既突出学生职业技能的培养，又保证学生掌握必备的基本理论知识，以培养高素质工作者为目标。

2. 融合"1+X"证书标准，理论学习与实践操作一体化

本教材采用理实一体化的编写模式，结合"1+X"装配式建筑构件制作与安装职业技能等级证书考评要求，把握知识点和技能点。在教材内容编排上，采取了"理论知识＋操作技能＋任务演练"的结构框架，体现了"做中教，做中学，做中求进步"的职业教育特色。

3. 标准规范，注重培养学生职业意识，推进课程思政入教材

严格执行国家标准，并有机地融入行业标准，以标准实施与企业 7S 管理文化相融合，为学生快速适应企业岗位工作打下坚实基础。介绍装配式建筑最新发展动态，体现环保、低碳、绿色发展理念，增进学生的民族自豪感，激发爱国热情。

本书由马洪涛、张琨主编，徐婷、侯杰任副主编，李楠、张常明主审。具体编写分工为：侯杰编写项目 1，尹丽编写项目 2 中的任务 2.1，李迪编写项目 2 中的任务 2.2、任务 2.3，徐婷编写项目 2 中的任务 2.4、任务 2.5、任务 2.6 和任务 2.7，马伟文编写项目 3，马洪涛编写项目 4。

由于编者能力有限，书中难免有不足之处，敬请广大读者批评指正。

编者
2024 年 4 月

目　　录

项目 1　装配式混凝土建筑及预制构件认知···1
　　任务 1.1　装配式混凝土建筑认知···2
　　任务 1.2　装配式混凝土预制构件认识···19

项目 2　装配式混凝土预制构件的制作···41
　　任务 2.1　预制构件原材料的进厂检验与保管···42
　　任务 2.2　预制构件制作设备与工具···65
　　任务 2.3　预制构件生产制作准备···78
　　任务 2.4　预制构件制作工艺流程···88
　　任务 2.5　钢筋与预埋件施工···98
　　任务 2.6　模具准备与安装··111
　　任务 2.7　预制构件混凝土浇筑与养护··119

项目 3　装配式混凝土预制构件存放与运输··131
　　任务 3.1　装配式混凝土预制构件存放··132
　　任务 3.2　装配式混凝土预制构件运输··143

项目 4　装配式混凝土预制构件质量和安全管理··153
　　任务 4.1　预制构件质量管理··154
　　任务 4.2　安全管理与文明生产··177

参考文献···193

项目 1

Chapter 01

装配式混凝土建筑及预制构件认知

知识目标

掌握装配整体式混凝土建筑与全装配式混凝土建筑的区别；

掌握装配式建筑结构体系类型和装配率计算方法；

掌握预制剪力墙、叠合板、叠合梁、预制柱、预制外挂墙板等预制构件的形状及特点；

了解装配式混凝土建筑的发展史及我国发展现状。

能力目标

具备对装配整体式混凝土建筑与全装配式混凝土建筑区分的能力；

具备对装配率的计算能力；

具有对不同种类的预制混凝土构件的区分能力。

素质目标

积极主动地学习，掌握学习方法和技巧，培养自主学习和合作学习能力；

具备创造性思维、逻辑思维和综合思维。培养良好的思维包括解决问题和做出正确的判断和决策的能力。

主要学习内容

任务 1.1 装配式混凝土建筑认知

1.1.1 装配式混凝土建筑

1. 装配式混凝土建筑在国外的发展历史

水晶宫（Crystal Palace）与世博会同时诞生于 1851 年。水晶宫位于英国伦敦，是一座以钢铁为骨架、以玻璃为主要建材的建筑，是 19 世纪的英国建筑奇观之一。水晶宫是 19 世纪最有代表性的建筑，建于伦敦海德公园内，是英国为第一届世博会（当时正式名称为万国工业博览会）而建的展馆建筑，是世界上第一座大型装配式建筑，当时参展国共计 25 个，水晶宫在全世界引起了不小的轰动。如图 1-1 所示为伦敦水晶宫绘图。

1. 装配式建筑概念

2. 装配式建筑特征

1891 年，巴黎 Ed.Coigent 公司首次在 Biarritz 的俱乐部建筑中使用装配式混凝土梁，这是世界上的第一个预制混凝土构件。至今，预制混凝土结构的使用已经历了 130 多年的发展历程。

图 1-1 伦敦水晶宫绘图

20 世纪 50 年代，为了解决第二次世界大战后住房紧张和劳动力严重不足的问题，欧洲的一些发达国家大力发展预制装配式建筑，掀起了建筑工业化的高潮。德国第二次世界大战后的多层板式装配式住宅，20 世纪 70 年代德意志民主共和国工业化水平 90%。新建别墅等建筑基本为全装配式钢（钢木）结构。1976年，美国国会通过了国家工业化住宅建造及安全法案，同年出台了一系列严格的行业规范标准，一直沿用至今。除注重质量之外，现在的装配式住宅更加注重美观、舒适性及个性化。法国是世界上推行装配式建筑最早的国家之一，法国装配式建筑的特点是以预制装配式混凝土结构为主，钢结构、木结构为辅。法国的装配式住宅多采用框架或者板柱体系，焊接、螺栓连接等均采用干法作业，结构构件与设备、装修工程分开，减少预埋，生产和施工质量高。法国主要采用的预应力混凝土装配式框架结构体系，装配率可达 80%。预应力混凝土装配式框架结构体系于 1959—1970 年开始，20 世纪 80 年代后成体系。绝大多数为预制混凝土构造体系，尺寸模数化，构件标准化，少量钢结构和木结构。装配式连接多采用焊接和螺栓连接。

发达国家和地区装配式混凝土住宅的发展大致经历三个阶段：第一阶段是装配式混凝土建筑形成的初期阶段，重点建立装配式混凝土建筑生产（建造）体系；第二阶段是装配式混凝土建筑的发展期，逐步提高产品（住宅）的质量和性价比；第三阶段是装配式混凝土建筑发展的成熟期，进一步降低住宅的物耗和环境负荷，发展资源循环型住宅。

2. 装配式混凝土建筑在我国的发展

我国装配式混凝土结构的应用起源于 20 世纪 50 年代。新中国成立初期在苏联帮助下，掀起了一个大规模工业化建设高潮。当时为满足大规模建造工业厂房的需求，由中国建筑标准设计研究院负责出版的单层工业厂房的图集，就是一整套全装配混凝土排架结构的系列图集。它是由预制变截面柱、大跨度预制工字型截面屋面梁、预制屋顶桁架、大型预制屋面板以及预制吊车梁等一系列配套预制构件组成的一套完整体系。此图集延续使用到 21 世纪初，共指导建成厂房面积达 3 亿 m²，为我国的工业建设作出了巨大的贡献。

1956 年，国务院发布了《关于加强和发展建筑工业的决定》，在新中国的历史上首次提出了"三化"（设计标准化、构件生产工厂化、施工机械化），当时建筑工业化的主要内容就是指构件的工业化生产。在此期间，我国在苏联帮助下，在清华大学、原南京工学院（今东南大学）、同济大学、天津大学和哈尔滨建筑工程学院（今哈尔滨工业大学）等高等院校，专门设立了混凝土制品构件本科专业。可见当时国家对此事的重视，以及该领域专业技术人员的稀缺程度。如图1-2 所示为建于 1958 年的北京民族饭店。

从 20 世纪 60 年代初到 80 年代中期，预制构件生产经历了研究、快速发展、使用、发展停滞等阶段。

20 世纪 70 年代，初步建立了装配式建筑技术体系，比如大板住宅体系、内浇外挂式住宅体系和框架轻板住宅体系。在引进苏联工业化建造技术的同时，我们国家也开始发展装配式建筑，逐步形成了住宅标准化设计的概念，设计效率大大提高。如图 1-3 所示为建于 1971 年的北京建国门外交公寓。

到 20 世纪 80 年代中叶，装配式混凝土建筑的应用达到全盛时期，全国许多地方都形成了设计、制作和施工安装一体化的装配式建筑建造模式。此阶段的装配式混凝土建筑，以全装配大板居住建筑为代表，包括钢筋混凝土大板、少筋混凝土大板、内板外砖等多种形式。

20世纪80年代末，装配式建筑迅速滑坡。由于市场经济的发展，住宅建筑在市场化冲击下，原有的定型产品规格不能满足日益多样化要求。大批农民工涌入城市后为建筑业提供了大量廉价劳动力，伴随着商品混凝土的兴起，现浇建设方式的优势逐步显现。与此同时，曾经建成的大板式建筑的防水、保温开始出现弊端，渗、漏、裂、冷等问题引起居民不满。

图1-2　北京民族饭店（建于1958年）

图1-3　北京建国门外交公寓（建于1971年）

20世纪90年代初，由于（部分）装配式建筑自身有许多问题，和现浇结构相比，这些问题更突出。于是现浇结构几乎全部替代了装配式结构。现浇结构由于其成本较低、无接缝漏水问题、建筑平立面布置灵活等优势迅速取代了装配式混凝土建筑，这导致绝大多数原有预制构件厂都转产或关门歇业。专门从事生产民用建筑构件的预制工厂数量极其稀少。近二十年我国大中城市的住宅楼板几乎全部为现浇结构，装配式建筑近乎绝迹。

1999—2010年，城市用地越来越紧张，住宅高度一再提高，为了进一步提高建筑的整体性，现浇楼板逐渐取代了预制楼板和预制外墙板，同时，商品混凝土发展也很快，使现浇混凝土技术体系得到全面应用，几乎全面占领国内高层住宅市场。随着湿作业的复苏，其缺点也逐渐显现，比如，传统人工支模劳动强度大、养护耗时长、施工现场污染严重、普遍存在质量通病。随着人口减少，人工短缺现象出现，以及建筑业"四节一环保"的可持续发展要求，装配式混凝土建筑作为建筑产业现代化的主要形式，又开始迅速发展。在市场和政府的双向推动下，装配式混凝土建筑的研究和工程实践成为建筑业的新热点。如图1-4所示为哈尔滨新新怡园项目，由宇辉集团建于2010年。

为了避免重蹈20世纪80年代的覆辙，国内众多企业、高等院校、研究院所开展了比较广泛的研究和工程实践，在引入欧洲、美国、日本等地的现代化技术体系的基础上，完成了大量的理论研究、结构试验研究、生产设备研究、施工装配和工艺研究，初步开发了一系列适用于我国国情的装配式结构技术体系。

图1-4　哈尔滨新新怡园项目（宇辉集团建于2010年）

2011—2015年，我国出台了一系列政策推动装配式建筑的发展，努力营造了良好发展氛围。各地地方政府从本地区经济社会发展情况出发，也陆续出台地方政策和标准来推动。在此期间，政策支持体系建立，技术支撑体系也初步建立。

2016年9月，国务院办公厅印发了《关于大力发展装配式建筑的指导意见》（以下简称《意见》），《意见》提出：要以京津冀、长三角、珠三角三大城市群为重点推进地区，常住人口超过300万的其他城市为积极推进地区，其余城市为鼓励推进地区，因地制宜发展装配式混凝土结构、钢结构和现代木结构等装配式建筑。力争用10年左右的时间，使装配式建筑占新建建筑面积的比例达到30%。住房和城乡建设部印发的《"十四五"建筑业发展规划》提出，到2025年，装配式建筑占新建建筑的比例达30%以上；新建建筑施工现场建筑垃圾排放量控制在每万平方米 300 吨以下，建筑废弃物处理和再利用的市场机制初步形成，建设一批绿色建造示范工程。

发展装配式建筑是建造方式的重大变革，是推进供给侧结构性改革和新型城镇化发展的重要举措，有利于节约资源能源、减少施工污染、提升劳动生产效率和质量安全水平，有利于促进建筑业与信息化工业化深度融合、培育新产业新动能、推动化解过剩产能。

3. "1+X" 装配式建筑构件制作与安装证书简介

《国务院关于印发国家职业教育改革实施方案的通知》第六条明确规定："深化复合型技术技能人才培养培训模式改革，借鉴国际职业教育培训普遍做法，制订工作方案和具体管理方法，启动 1+X 证书制度试点工作。"

职业技能等级证书是 1+X 证书制度设计的重要内容，是一种新型证书，不是国家职业资格证书的翻版。

培训评价组织单位是廊坊市中科建筑产业化创新研究中心。

装配式建筑构件制作与安装职业技能等级证书对应的专业领域为土建类及相关专业。面向装配式建筑构件设计、生产、施工、建设管理等岗位，适用于装配式建筑构件制作与安装职业技能培训、考核与评价，反映其职业活动和个人职业生涯发展所需要的相关综合能力，是毕业生、社会成员职业技能等级的质证。

装配式建筑构件制作与安装职业技能等级标准，主要针对装配式建筑构件设计、生产、施工、建设管理等岗位群，面向土木工程领域，按技能难度等级从事不同的装配式建筑相关操作、技术与管理等工作。

装配式建筑构件制作与安装职业技能等级分为初级、中级、高级。三个级别依次递进，高级别涵盖低级别职业技能要求。根据 2020 年 1.0 版《装配式建筑构件制作与安装职业技能等级标准》，具体要求如表 1-1～表 1-3 所示。

表 1-1　装配式建筑构件制作与安装职业技能等级要求（初级）

工作领域	工作任务	职业技能要求
构件制作	构件养护及脱模	能完成生产前准备工作。 能控制养护条件和状态监测。 能进行养护窑构件出入库操作。 能对养护设备保养及维修提出要求。 能进行构件的脱模操作。 能进行工完料清操作

表 1-2　装配式建筑构件制作与安装职业技能等级要求（中级）

工作领域	工作任务	职业技能要求
构件生产	构件养护及脱模	能够完成生产前准备工作。 能够控制养护条件和状态监测。 熟练进行养护窑构件出入库操作。 能够对养护设备保养及维修提出要求。 熟练进行构件的脱模操作。 能够进行工完料清操作

表 1-3　装配式建筑构件制作与安装职业技能等级要求（高级）

工作领域	工作任务	职业技能要求
装配式建筑生产与施工	预制构件生产	熟练完成预制构件生产环节操作。 熟练完成预制构件质量检验。 能够编制预制构件生产工艺方案。 能够编制构件生产计划

实训场地配备必要的专业实训设备，实训场地和设备可由学校建设或由构件生产、施工企业提供。

培训评价组织负责考核实施工作、统筹安排考场设置、监考、巡考等考务工作。按照经批准并公布的年度工作计划，由各考点组织报名，评价组织审核后组织考核并做好考务管理和考核平台技术支持服务等工作。教材后面的章节会有考试案例介绍。

1.1.2　装配式混凝土结构概述

《装配式混凝土结构技术规程》JGJ 1—2014 规定：由预制混凝土构件通过可靠的连接方式装配而成的混凝土结构，按照结构中主要预制承重构件连接方式的整体性能，可分为装配整体式混凝土结构和全装配式混凝土结构。在建筑工程中简称装配式建筑；在结构工程中简称装配式结构。

装配整体式混凝土结构是由预制混凝土构件通过可靠的方式进行连接，并与现场后浇混凝土、水泥基灌浆形成整体的结构，性能等同于现浇结构。《装配式混凝土结构技术规程》JGJ 1—2014 中规定，在各种设计状况下，装配整体式混凝土结构可采用与现浇混凝土相同的方法进行结构分析。如图 1-5 所示为装配整体式混凝土结构项目。

图 1-5　装配整体式混凝土结构项目

全装配式混凝土结构预制构件间采用干式连接方法，安装简单方便，但设计方法与通常的现浇混凝土结构有较大区别，结构设计时应进行专项设计及专家会审后方能施工。如图 1-6 所示为全装配式混凝土结构项目。

图 1-6　全装配式混凝土结构项目

1.1.3　装配式混凝土建筑结构体系类型

目前的装配式混凝土建筑技术体系从结构形式上主要可以分为剪力墙结构、框架结构、框架—剪力墙结构等。相关标准及规程建议应用装配整体式混凝土结构，所以结构体系类型分为装配整体式剪力墙结构、装配整体式框架结构、装配整体式框架—剪力墙结构。

在我国的建筑市场中剪力墙结构体系一直占据重要地位，以其在居住建筑中的结构墙和分隔墙兼用，以及无梁、柱外露等特点得到市场的广泛认可。近年来，装配整体式剪力墙结构发展非常迅速，应用量不断加大，不同形式、不同结构特点的装配整体式剪力墙结构建筑不断涌现，在北京、上海、天津、哈尔滨、沈阳、合肥、深圳等诸多城市中均有大量建筑应用。

由于技术和使用习惯等原因，我国装配整体式框架结构应用较少，适用于低层、多层和高度适中的高层建筑，主要应用于厂房、仓库、商场、办公楼、教学楼、医务楼等建筑，这些结构要求具有开敞的大空间和相对灵活的室内布局。总体而言，装配整体式框架结构在国内很少应用于居住建筑，但在日本及中国台湾，装配整体式框架结构则大量应用于高层、超高层民用建筑。

装配整体式框架—剪力墙结构是由框架和剪力墙共同承受竖向和水平作用的结构，兼有框架结构和剪力墙的特点，体系中剪力墙和框架布置灵活，较易实现大空间和较高的适用高度，可广泛应用于居住建筑、商业建筑、办公建筑等。目前，装配整体式框架—剪力墙结构仍处于研究完善阶段，国内应用数量非常少。

1. **装配整体式剪力墙结构**

按照主要受力构件的预制及连接方式，国内的装配式剪力墙结构体系可以分为装配整体式剪力墙结构体系、叠合板式剪力墙结构体系和多层剪力墙结构。如图 1-7 和图 1-8 所示为装配整体式剪力墙结构和叠合板式剪力墙结构。

图 1-7　装配整体式剪力墙结构（武汉名流世家 K2 地块项目）

图 1-8　叠合板式剪力墙结构（白沙洲建和 11 号楼示范楼项目）

在装配式剪力墙结构体系中，装配整体式剪力墙结构体系应用较多，适用的房屋高度最大；叠合板式剪力墙由于连接简单，近年来在工程项目中的应用逐年增加。

装配整体式剪力墙结构是由全部或部分经整体或叠合预制的混凝土剪力墙构件或部件，通过各种可靠方式进行连接并现场后浇混凝土共同构成的装配整体式预制混凝土剪力墙结构。构件之间采用湿式连接，结构性能和现浇结构基本一致，主要按照现浇结构的设计方法进行设计。

装配整体式剪力墙结构的主要受力构件，如内外墙板、楼板等在工厂生产，并在现场组装而成。预制构件之间通过现浇节点连接在一起，有效地保证了建筑物的整体性和抗震性能。

目前，国内主要的装配整体式剪力墙结构体系中，包括宇辉、中建、宝业、远大、万科、中南、万融等企业，关键技术在于剪力墙构件之间的接缝形式。按照预制剪力墙水平接缝处及竖向钢筋的连接形式，可划分为以下几种：

（1）竖向钢筋采用套筒灌浆连接、接缝采用灌浆料填实，如中建、万科、宝业、远大、万融等，是目前应用量最大的技术体系。钢筋套筒灌浆连接是在预制混凝土构件内预埋的金属套筒中插入钢筋并灌注水泥基灌浆料而实现的钢筋连接方式。

（2）竖向钢筋采用螺旋箍筋约束浆锚搭接连接、接缝采用灌浆料填实，如宇辉。钢筋浆锚搭接连接是在预制混凝土构件中预埋孔道，在孔道中插入需搭接的钢筋，并灌注水泥基灌浆料而实现的钢筋搭接连接方式。

（3）竖向钢筋采用金属波纹管浆锚搭接连接、接缝采用灌浆料填实。

2. 装配整体式框架结构

装配式框架结构按照材料可分为装配式混凝土框架结构、钢结构框架和木结构框架。装配式混凝土框架结构是近年来发展起来的，主要参照日本的相关技术，包括鹿岛、前田等公司的技术体系，同时结合我国特点进行吸收和再研究而形成的结构技术体系。

相对于其他结构体系，装配整体式框架结构的主要特点是：连接节点单一、简单，结构构件的连接可靠并容易得到保证，方便采用等同现浇的设计概念；框架结构布置灵活，容易满足不同的建筑功能需求；结合外墙板、内墙板及预制楼板或预制叠合楼板应用，装配率可以达到很高水平，适合建筑工业化发展。

目前国内有研究和应用的装配式混凝土框架结构，根据构件形式及连接形式，可大致分为以下两种：

（1）框架柱现浇，梁、楼板、楼梯等采用预制叠合构件或预制构件，是装配式混凝土框架结构的初级技术体系。

（2）在上述体系中将框架柱也采用预制构件，节点刚性连接，性能接近于现浇框架结构，即装配整体式框架结构体系。可细分为：

1）框架梁、柱预制，通过梁柱后浇节点区进行整体连接，如图1-9所示，是《装配式混凝土结构技术规程》JGJ 1—2014中纳入的结构体系；

2）梁柱节点与构件一同预制，在梁、柱构件上设置后浇段连接；

3）采用现浇或预制混凝土柱，预制预应力混凝土叠合梁、板，通过钢筋混凝土后浇部分将梁、板、柱及节点连成整体的框架结构体系。

图 1-9　梁柱节点整体预制构件示例

装配式混凝土框架结构典型项目：新兴工业园服务中心；中国第一汽车集团装配式停车楼，如图 1-10 所示；上海江湾镇 384 街坊 A03B-11 地块项目。

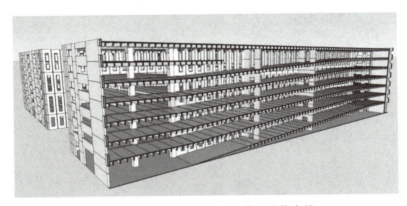

图 1-10　中国第一汽车集团装配式停车楼

3. 装配整体式框架—剪力墙结构

装配式框架—剪力墙结构根据预制构件部位的不同，可分为装配整体式框架—现浇剪力墙结构、装配整体式框架—现浇核心筒结构、装配整体式框架—剪力墙结构三种形式。

装配整体式框架—现浇剪力墙结构中，预制框架结构部分的技术体系同上文；剪力墙部分为现浇结构，与普通现浇剪力墙结构要求相同。这种体系的优点是适用高度大，抗震性能好，框架部分的装配化程度较高；主要缺点是现场同时存在预制装配和现浇两种作业方式，施工组织和管理复杂，效率不高。由沈阳万融集团承建的"十二运"安保指挥中心和南科大厦项目采用了基于预制梁、柱节点的装配整体式框架—现浇剪力墙结构体系，由日本鹿岛公司设计，其中框架梁、柱全部预制，剪力墙现浇。

装配整体式框架—现浇核心筒结构具有很好的抗震性能。预制框架与现浇核心筒同步施工时，两种工艺施工造成交叉影响，难度较大；核心筒结构先施工、空间结构跟进的施工顺序可大大提高施工速度，但这种施工顺序需要研究采用预制框架与现浇核心筒结构间的连接技术和后浇连接区段的支模、养护等，增大了施工难度，降低了效率。因此，从保证结构安全以及施工效率的角度出发，核心筒部位的混凝土浇筑可采用滑模施工等较先进的施工工艺，施工效率高。

关于装配整体式框架—剪力墙结构体系的研究，国外比如日本进行过类似研究并有大量工程实践，但体系稍有不同。国内目前正在开展相关的研究工作，根据研究成果，已在沈阳建筑大学研究生公寓项目、万科研发中心公寓等项目上开展了试点应用。如图1-11所示为沈阳建筑大学研究生公寓。

图1-11　沈阳建筑大学研究生公寓

装配整体式框架—剪力墙典型项目：上海城建浦江PC保障房项目，龙信集团龙馨家园老年公寓。如图1-12所示为上海城建浦江PC保障房项目。

图1-12　上海城建浦江PC保障房项目

1.1.4 装配率的概念与计算方法

《装配式建筑评价标准》GB/T 51129—2017（以下简称《标准》）自 2018 年 2 月 1 日起实施，其编制是以促进装配式建筑的发展、规范装配式建筑的评价为目标，根据系统性的指标体系进行综合打分，采用装配率来评价装配式建筑的装配化程度。《标准》中共设置五章二十八个条文，其中总则 4 条，术语 5 条，基本规定 4 条，装配率计算 13 条，评级等级划分 2 条。以《标准》在装配式建筑项目实际中的应用，做如下七点总结：

（1）适用范围

《标准》适用于采用装配式建造的民用建筑评价，包括居住建筑和公共建筑。对于一些与民用建筑相似的单层和多层厂房等工业建筑，如精密加工车间、洁净车间等，当符合本《标准》的评价原则时，可参照执行。

（2）装配式建筑的评价指标

《标准》中规定装配式建筑的评价指标统一为"装配率"，明确了装配率是对单体建筑装配化程度的综合评价结果。装配率具体定义为：单体建筑室外地坪以上的主体结构、围护墙和内隔墙、装修与设备管线等采用预制部品部件的综合比例。

（3）装配率计算和装配式建筑等级评价单元

《标准》第 3.0.1 条规定，装配率计算和装配式建筑等级评价应以单体建筑作为计算和评价单元，并应符合下列规定：

1）单体建筑应按项目规划批准文件的建筑编号确认；

2）建筑由主楼和裙房组成时，主楼和裙房可按不同的单体建筑进行计算和评价；

3）单体建筑的层数不大于 3 层，且地上建筑面积不超过 500m² 时，可由多个单体建筑组成建筑组团作为计算和评价单元。

（4）装配率计算法

《标准》第 4.0.1 条规定，装配率应根据表 1-4 中评价项分值按下式计算：

$$P = \frac{Q_1 + Q_2 + Q_3}{100 - Q_4} \times 100\%$$

式中：P——装配率；

Q_1——主体结构指标实际得分值；

Q_2——围护墙和内隔墙指标实际得分值；

Q_3——装修和设备管线指标实际得分值；

Q_4——评价项目中缺少的评价项分值总和。

表 1-4 装配式建筑评分表

评价项		评价要求	评价分值	最低分值
主体结构（50 分）	柱、支撑、承重墙、延性墙板等竖向构件	35%≤比例≤80%	20～30*	20
	梁、板、楼梯、阳台、空调板等构件	70%≤比例≤80%	10～20*	

续表

评价项		评价要求	评价分值	最低分值
围护墙和内隔墙（20分）	非承重围护墙非砌筑	比例≥80%	5	10
	围护墙与保温、隔热、装饰一体化	50%≤比例≤80%	2～5*	
	内隔墙非砌筑	比例≥50%	5	
	内隔墙与管线、装修一体化	50%≤比例≤80%	2～5*	
装修和设备管线（30分）	全装修	—	6	6
	干式工法楼面、地面	比例≥70%	6	—
	集成厨房	70%≤比例≤90%	3～6*	
	集成卫生间	70%≤比例≤90%	3～6*	
	管线分离	50%≤比例≤70%	4～6*	

注：表中带"*"项的分值采用"内插法"计算，计算结果取小数点后1位。

1）表1-4中"主体结构（50分）"的解读。

① 符合现在国家标准的装配式建筑体系均可按本标准评价，主要为装配式混凝土建筑、装配式钢结构、装配式木结构、装配式组合结构和装配式混合结构的建筑。

② 装配式混凝土建筑主体结构竖向构件按《标准》第4.0.2、4.0.3条计算；竖向构件的应用比例为预制混凝土体积之和除以结构竖向构件混凝土总体积；水平构件的应用比例为预制构件水平投影面积之和除以建筑平面总面积。基于目前国标推荐的装配整体式混凝土结构，充分考虑竖向预制构件间连接部分的后浇混凝土（预制墙板间水平竖向连接、框架梁柱节点区、预制柱间竖向连接区等）标准化施工要求，将预制构件与合理连接作为一个装配式整体。计入预制混凝土体积的主体结构竖向构件间连接部分的后浇混凝土规定见第4.0.3条。

③ 装配式钢结构、装配式木结构中主体结构竖向构件评分值可为30分。

④ 装配式组合结构和装配式混合结构的建筑主体结构竖向构件可结合工程项目的实际情况，在预评价中进行确认。

⑤ 水平构件中预制部品部件的应用比例的计算方法见《标准》第4.0.4、4.0.5条。

2）表1-4中"围护墙和内隔墙（20分）"的解读。

① 非承重围护墙、内隔墙非砌筑是装配式建筑重点发展的内容之一，目前上海政策的装配率应用项、江苏政策的"三板"应用项都有提及。

② 非砌筑墙体：以工厂生产、现场安装、干式法施工为主要特征，常见类型有大中型板材、幕墙、木骨架或轻钢骨架复合墙、新型砌体。

③ 建筑墙体的设计集成和集成产品对装配式建筑是重要的，比如"围护墙与保温、隔热、装饰一体化""内隔墙与管线、装修一体化"评分项的应用。

3）表1-4中"装修和设备管线（30分）"的解读。

①装配式建筑要求全装修的应用是指建筑功能空间的固定面装修和设备设施

安装全部完成，达到建筑使用功能和性能的基本要求。

② 考虑工程实际需要，纳入管线分离比例计算的管线专业包括电气（强电、弱电、通信等）、给水、排水和供暖等专业，尽可能减少甚至消除由于管线的维修和更换对建筑各系统部品等的影响是要达到的重要目标之一，故表 1-4 中计入"干式工法楼面、地面""管线分离"评分项的应用项。

③ 表中集成厨房、集成卫生间两项应用的重点是"通过设计集成、工厂生产"和"主要采用干式工法装配而成"。

（5）装配式建筑的基本标准

以控制性指标明确了最低准入门槛，以竖向构件、水平构件、围护墙和分隔墙、全装修等指标，分析建筑单体的装配化程度，发挥《标准》的正向引导作用。《标准》第 3.0.3 条规定，装配式建筑应同时满足下列要求：

1）主体结构部分的评价分值不低于 20 分；

2）围护墙和内隔墙部分的评价分值不低于 10 分；

3）采用全装修；

4）装配率不低于 50%。

（6）装配式建筑的两种评价

《标准》中规定了装配式建筑的认定评价与等级评价两种评价方式，对装配式建筑设置了相对合理可行的"准入门槛"，达到最低要求时，才能认定为装配式建筑，再根据分值进行等级评价。《标准》第 3.0.2 条规定，装配式建筑评价应符合下列规定：

1）设计阶段宜进行预评价，并应按设计文件计算装配率；

2）项目评价应在项目竣工验收后进行，并应按竣工验收资料计算装配率和确定评价等级。

在设计阶段可以进行预评价，本标准用的是"宜"，也就是说不是必须程序。预评价作用有：对项目设计方案做出预判与优化；对项目设计采用新技术、新产品和新方法等的评价方法进行论证和确认；对施工图审查、项目统计与管理等提供基础性依据。

项目评价应在竣工验收后，依据验收资料进行，主要工作有：对项目实际装配率进行复核，进行装配式建筑的认定；根据项目申请，对装配式建筑进行等级评价。

装配式建筑的两种评价方式间存在十分差值，在项目成为装配式建筑与具有评价等级存有一定空间，为地方政府制定奖励政策提供弹性范围。

（7）装配式建筑的等级评价

装配式建筑项目评价应在项目竣工验收后进行，并应按竣工验收资料计算装配率和确定评价等级。《标准》第 5.0.1 和 5.0.2 条内容如下：

1）5.0.1 当评价项目满足本标准第 3.0.3 条规定，且主体结构竖向构件中预制部品部件的应用比例不低于 35% 时，可进行装配式建筑等级评价。

2）5.0.2 装配式建筑评价等级应划分为 A 级、AA 级、AAA 级，并应符合下列规定：

① 装配率为 60%～75% 时，评价为 A 级装配式建筑。
② 装配率为 76%～90% 时，评价为 AA 级装配式建筑。
③ 装配率为 91% 及以上时，评价为 AAA 级装配式建筑。

课程思政案例

"新"典范——雄安市民服务中心项目是雄安新区第一个基础设施项目

雄安市民服务中心项目是雄安新区第一个基础设施项目，承担着政务服务、规划展示等多项功能，整个项目工期比传统模式缩短 40%，建筑垃圾比传统建筑项目减少 80% 以上。该项目采用投资、建设、运营运行、基金管理一体化模式，由雄安建设投资集团与中国建筑联合体共同设立基金并负责基金的管理。中国建筑为该项目提供一体化解决方案，以项目投资商、建造商、发展商与后期运营服务商的角色，为雄安市民服务中心的全生命周期建设以及长期稳定运营发挥重要作用。

该项目是雄安新区面向全国乃至世界的窗口，是雄安新区功能定位与发展理念的率先呈现。本项目创造了全新的"雄安速度""中国速度"。如图 1-13 所示为雄安新区第一个基础设施项目。

图 1-13　雄安新区第一个基础设施项目

項目 1　装配式混凝土建筑及预制构件认知

[任务清单]

小组共同阅读理论知识，研讨、总结学习体会，完成以下考核任务清单。

考核任务清单

班级	姓名	学号

一、填空题

1.（　　　），国务院办公厅印发了《关于大力发展装配式建筑的指导意见》。

2.《关于大力发展装配式建筑的指导意见》中提出力争用 10 年左右的时间，使装配式建筑占新建建筑面积的比例达到（　　　）%。

3. 按照结构中主要预制承重构件（　　　）的整体性能，可分为装配整体式混凝土结构和全装配式混凝土结构。

4. 按照主要受力构件的预制及连接方式，国内的装配式剪力墙结构体系可以分为：装配整体式剪力墙结构体系；（　　　）结构体系；多层剪力墙结构。

5. 装配式框架结构按照材料可分为装配式混凝土框架结构、（　　）结构框架和（　　）结构框架。

二、简答题

1. 20 世纪 80 年代末，装配式建筑开始迅速滑坡。究其原因，主要有哪些方面？

2. 目前的装配式混凝土建筑技术体系有哪些？

3. 按照预制剪力墙水平接缝处及竖向钢筋的连接可划分为哪几种？

4. 装配式建筑评价等级应划分为 A 级、AA 级、AAA 级，并应符合哪些规定？

17

[成绩考核]

自我评价及教师评价

任务名称				
姓名学号			班级组别	
序号	考核项目	分值	自我评定成绩	教师评定成绩
1	态度认真，思想意识高	10		
2	遵守纪律，积极完成小组任务	20		
3	能够独立完成任务清单	40		
4	能够按时完成课程练习	15		
5	书写规范、完整	15		

任务总结：

组长评价：

教师评价：　　　　　　　　评价时间：

任务 1.2 装配式混凝土预制构件认识

近年来,伴随着我国经济水平的不断提高,建筑工业化越来越引起大家的重视,在 21 世纪初,我国在装配式混凝土结构的工程应用以及相关技术标准体系和标准设计体系的建设都呈现出了快速发展的局面。到目前为止,我国已基本建立起以装配式框架、装配式剪力墙等结构为主体的装配式混凝土结构的建筑体系和技术标准体系。

装配式混凝土结构应用的建筑类型方面以住宅建筑为主体,并逐步向学校、办公、停车楼、精密车间等建筑类型发展。

《装配式混凝土建筑技术标准》GB/T 51231—2016 规定,预制混凝土构件是指在工厂或现场预制制作的混凝土构件,简称预制构件。

在装配式混凝土结构中常用的预制混凝土构件主要包含:预制剪力墙、叠合板、叠合梁、预制柱、预制外挂墙板、预制楼梯、预制内隔墙、预制阳台板、预制女儿墙等。其中以叠合板、叠合梁、预制楼梯等构件类型应用范围最广,并逐步向预制柱、预制剪力墙、预制外挂墙板、预制内墙板等功能性部品部件等方向发展。随着装配式技术应用的建筑类型的扩展,预制构件也会得到更大的发展。如图 1-14 所示为装配式混凝土结构中预制构件示意图。

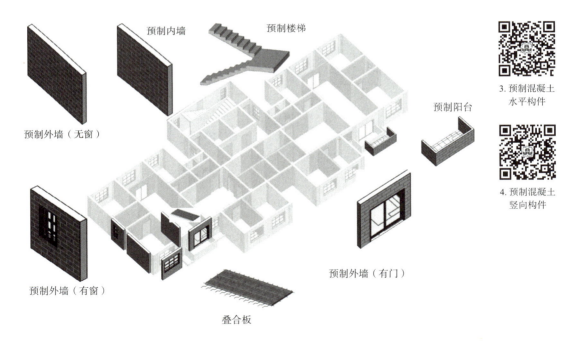

图 1-14 装配式混凝土结构中预制构件示意图

预制构件的设计应当是建筑设计与工业产品设计的完美结合,建筑工程师及结构工程师对此应有充分的认识,掌握必要的知识和技能。

传统建筑是现浇的，在结构设计过程中所有构件建入模型，进行整体计算即可。装配式建筑的预制构件部分如何考虑进行整体计算，是装配式建筑结构设计部分的一个难点。前述项目整体计算按等同现浇原则；同层构件有预制有现浇的，现浇构件地震力放大 1.1 倍（现浇墙肢水平地震作用弯矩、剪力乘以 1.1）。基于此计算原则，预制构件之间以及预制构件与现浇构件之间节点的连接必须有可靠保证。

结构设计考虑的因素很多：既要考虑结构整体性能的合理性，还要考虑构件结构性能的适宜性；既要满足结构性能的要求，还要满足使用功能的需要；既要符合设计规范的规定，还要符合生产和安装施工工艺的要求；既要受单一构件尺寸公差和质量缺陷的控制，还要与相邻构件进行协调与碰撞检查；同时还要与材料、环境、部品集成、运输、堆放有关，全周期内均需要无缝衔接，需要进行精细化集成设计。

装配式混凝土建筑宜采用建筑信息模型（Building Information Modeling，BIM）技术，实现全专业、全过程的信息化管理。如图 1-15 所示为预制构件出工厂前预安装展示。

图 1-15　预制构件出工厂前预安装展示

装配式混凝土建筑宜采用智能化技术，提升建筑使用的安全、便利、舒适和环保等性能。随着工程实践的不断丰富，特别是随着新型复合材料的综合运用、基于性能目标设计方法的成熟使用、建筑产品集成度的提高、生产和施工工艺的发展等，预制构件的设计原则还会不断地得到丰富、完善和发展。

1.2.1　预制剪力墙

预制剪力墙的核心构件是剪力墙板，它是由混凝土预制件和钢筋网格组成的。在施工时，将墙板按照设计要求拼装在一起，形成一道整体的剪力墙，具有很好的连续性和整体性，能够承受地震和风力等外部荷载的作用，有效保护建筑结构。预制剪力墙根据使用位置可分为预制剪力墙外墙板和预制剪力墙内墙板。

1. 预制剪力墙外墙板

预制剪力墙外墙板由内叶板、外叶板与中间保温板之间通过连接件浇筑而成，也称为预制混凝土夹心保温剪力墙墙板（又称预制三明治外墙）。内叶板为预制混凝土剪力墙，中间夹有保温层，外叶板为钢筋混凝土保护层。预制剪力墙外墙板是集承重、围护、保温、防水、防火等功能于一体的重要装配式预制构件。内叶板侧面在施工现场通过预留钢筋与现浇剪力墙边缘构件连接，底部通过钢筋灌浆套筒与下层预制剪力墙预留钢筋相连。如图 1-16 和图 1-17 分别为预制剪力墙外墙板示意图和预制剪力墙外墙板实体图。

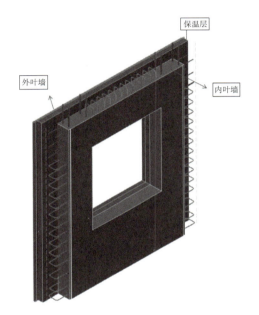

图 1-16　预制剪力墙外墙板示意图

图 1-17　预制剪力墙外墙板实体图

2. 预制剪力墙内墙板

预制剪力墙内墙板布置在装配式混凝土建筑内部，起着分隔房间、承受楼板荷载等作用。如图 1-18 所示为预制剪力墙内墙板实体图。

图 1-18　预制剪力墙内墙板实体图

3. 叠合板式剪力墙

叠合剪力墙体系源于德国，20 世纪 60 年代初，一家一直从事钢结构桁架梁研发与生产的德国 Filigran 公司发明了格构钢筋，在此基础上又发明了叠合楼板、叠合墙板，并逐渐形成了一套完整的结构体系——叠合剪力墙结构体系。该体系具有施工方便快捷、有利于环保、工业化生产、构件质量容易控制等优点，但并没有考虑抗震设防的问题。

近年来，叠合板式剪力墙技术引入国内，科研工作者和企业积极开展了关于叠合板式剪力墙的研究，在一些地区已经得到推广并有相应的地方规范和标准的颁布。主要有北京市地方标准《装配式剪力墙结构设计规程》DB11/1003—2022、安徽省地方标准《叠合板式混凝土剪力墙结构技术规程》DB34/T 810—2020、湖南省地方标准《混凝土装配 - 现浇式剪力墙结构技术规程》DBJ43/T 301—2015、浙江省地方标准《叠合板式混凝土剪力墙结构技术规程》DB33/T 1120—2016、黑龙江省地方标准《预制装配整体式房屋混凝土剪力墙结构技术规程》DB23/T 1813—2016、上海市工程建设规范《装配整体式叠合剪力墙结构技术规程》DG/TJ 08-2266—2018、湖北省地方标准《装配整体式混凝土叠合剪力墙结构技术规程》DB42/T 1483—2018 等。

《预制装配整体式房屋混凝土剪力墙结构技术规程》DB 23/T 1813—2016 中定义叠合板式剪力墙，是由两层预制混凝土薄板通过格构钢筋连接制作而成的预制混凝土墙板，经现场安装就位并可靠连接后，在两层薄板中间浇筑混凝土而形成的装配整体式预制混凝土剪力墙。如图 1-19 所示为叠合板式剪力墙实体图。

项目1 装配式混凝土建筑及预制构件认知

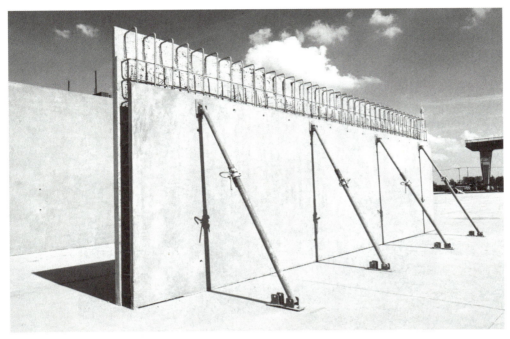

图 1-19 叠合板式剪力墙实体图

在工厂生产预制构件时，在预制墙板的两层之间、预制楼板的上面，设置格构钢筋，既可作为吊点，又能增加平面外刚度，防止起吊时开裂。在使用阶段，格构钢筋作为连接墙板的两层预制片与二次浇筑夹心混凝土之间的拉结筋，作为叠合楼板的抗剪键，对提高结构整体性和抗剪性能具有重要作用。由于板与板之间内含空腔，现场安装就位后再在空腔内浇筑混凝土，由此形成的预制和现浇混凝土整体受力的墙体俗称"双皮墙"。如图1-20所示为预制构件及格构钢筋示意图。

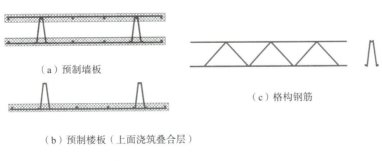

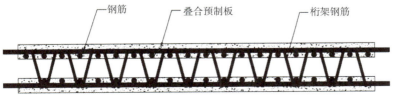

图 1-20 预制构件及格构钢筋示意图

23

叠合板式剪力墙的竖向连接同常规预制剪力墙不同，它是通过空腔内插筋，然后内浇混凝土，将上下墙体连接成整体，结合面更大。如图 1-21 所示为约束浆锚搭接连接示意图。

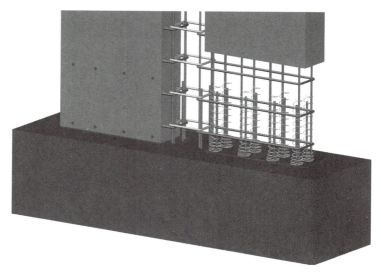

图 1-21　约束浆锚搭接连接示意图

1.2.2　叠合板

叠合板是由预制板和现浇钢筋混凝土层叠合而成的装配整体式楼板。预制板既是楼板结构的组成部分之一，又是现浇钢筋混凝土叠合层的永久性模板。现浇叠合层内可敷设水平设备管线。这种结构适用于对整体刚度要求较高的高层建筑和大跨度建筑，其特点是在工厂预制好预制板，然后在施工现场浇筑与预制板相连接的现浇层，从而形成整体性的楼板结构。叠合板具有良好的整体性和刚性，适用于对刚性要求很高的建筑，如高层和大面积的建筑物。

叠合板分为带桁架钢筋和不带桁架钢筋两种。市场上主要有以下几种：预应力混凝土平板叠合板，钢筋混凝土平板叠合板、钢筋混凝土桁架叠合板、预应力混凝土叠合板（钢管桁架、钢筋桁架、工字形肋等）。

当叠合板跨度较大时，为了满足预制板脱模吊装时的整体刚度与使用阶段的水平抗剪性能，可在预制板内设置桁架钢筋。当未设置桁架钢筋时，叠合板的预制板与后浇混凝土叠合层之间应设置抗剪构造钢筋，国内应用比较少。

图 1-22 和图 1-23 所示为叠合板设置桁架钢筋示意图和叠合板桁架钢筋剖面图。图 1-24 和图 1-25 所示为钢筋桁架立面图和剖面图。

钢筋桁架叠合板源于 20 世纪 60 年代的德国，在欧洲、美国、日本等地大规模使用，技术较为成熟。

21 世纪初，万科集团、宝业西韦德等企业在装配式建筑中进行了大量的尝试，该项技术也被纳入《装配式混凝土结构技术规程》JGJ 1—2014，并制定了配套的国家标准图集。在国内装配式混凝土建筑中成为主流的预制构件之一。

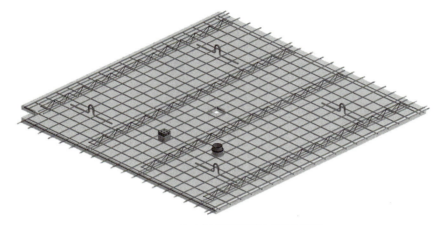

图 1-22　叠合板设置桁架钢筋示意图

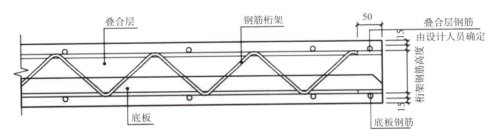

图 1-23　叠合板桁架钢筋剖面图

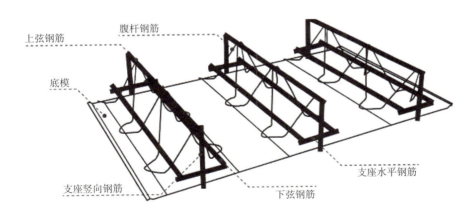

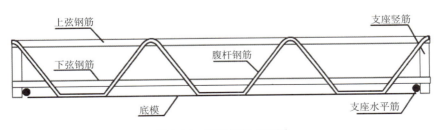

图 1-24　钢筋桁架立面图

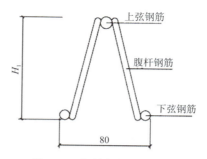

图 1-25 钢筋桁架剖面图

钢筋桁架叠合板采用在预制混凝土叠合底板上预埋三角形钢筋桁架的方法，现场铺设叠合楼板完成后，再在叠合板上浇筑一定厚度的现浇混凝土，形成整体受力的叠合楼板。如图 1-26 所示为预制桁架钢筋叠合板实体图。

图 1-26 预制桁架钢筋叠合板实体图

预制桁架钢筋叠合底板能够按照单向受力和双向受力进行设计，经过数十年研究和实践，其技术性能与同厚度现浇的楼盖性能基本相当。

欧洲和日本叠合板均为单向板，规格化产品，板侧不出筋。即使符合双向板条件的叠合板也同样做成单向板，如此给自动化生产带来很大的便利。双向板虽然在配筋上较单向板节省，但如果板侧四面都要出筋，现场浇筑混凝土后浇带，代价更大，得不偿失。如图 1-27 所示为预制桁架钢筋叠合双向板。

近年来，国内通过大量的科研和实验，提出了"四面不出筋"的预制桁架钢筋叠合板的应用，叠合板依靠后浇层和附加钢筋满足相应的设计要求。四面不出筋后的叠合板，更好地解决了叠合板制作和后期施工中的叠合板间的连接难度，同时极大地提高了装配式建筑的工业化和自动化的效率。中国工程建设标准化协会标准——《钢筋桁架混凝土叠合板应用技术规程》T/CECS 715—2020，其中对"四面不出筋"等做法均作了相应规定。图 1-28 和图 1-29 所示为"四面不出筋"的预制桁架钢筋叠合板和无外伸纵筋的叠合板端支座构造示意图。

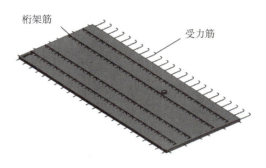

图 1-27　预制桁架钢筋叠合双向板

图 1-28　"四面不出筋"的预制桁架钢筋叠合板

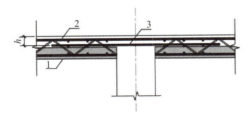

图 1-29　无外伸纵筋的叠合板端支座构造示意图
1—预制板；2—叠合层；3—附加钢筋

1.2.3　叠合梁

叠合梁是指在预制钢筋混凝土梁上后浇混凝土形成的整体受弯梁。叠合梁一般分两步实现装配和完整度：第一步是在工厂内浇筑完成，通过模具，将梁内底筋和箍筋与混凝土浇筑成型，并预留连接节点；第二步是在施工现场浇筑完成，绑扎上部钢筋与叠合板一起浇筑成整体。所以叠合梁通常与叠合板配合使用，浇筑成整体楼盖。如图 1-30 所示为日本预制叠合梁实体图。

图 1-30　日本预制叠合梁实体图

叠合梁采用预制地梁作为永久性模块，在上部现浇混凝土与楼板形成整体，它体现了预制构件和现浇结构的互相结合，同时兼有两者的优点和长处。

自 20 世纪 60 年代起，国内外学者对叠合梁叠合面处的应力状态及叠合面的抗剪强度进行了大量的理论分析和实验研究，已得出比较一致的结论：通过对叠合面采取适当的构造措施，完全可以保证叠合梁的共同工作。如图 1-31 所示为叠合梁图。

图 1-31　叠合梁图

叠合梁按预制部分的截面形式可分为矩形截面叠合梁和凹口截面叠合梁。凹口截面叠合梁的优势在于更好地完成新旧混凝土的结合及受力。如图1-32和图1-33所示为矩形截面叠合梁和凹口截面叠合梁。

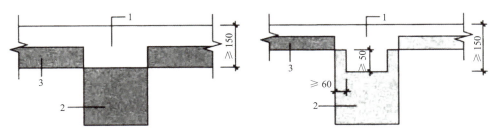

图1-32 矩形截面叠合梁　　　　图1-33 凹口截面叠合梁

1—后浇混凝土叠合梁；2—预制梁；3—预制板

叠合梁的箍筋形式分为整体封闭箍筋和组合封闭箍筋两种，如图1-34和图1-35所示。《装配式混凝土结构技术规程》JGJ 1—2014中第7.3.2条规定，抗震等级为一、二级的叠合框架梁的梁端箍筋加密区宜采用整体封闭箍筋。如图1-36所示为组合封闭箍筋叠合梁三维示意图。

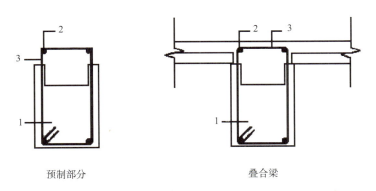

预制部分　　　　　　　　　　叠合梁

图1-34 采用整体封闭箍筋的叠合梁

1—预制梁；2—上部纵向钢筋；3—箍筋

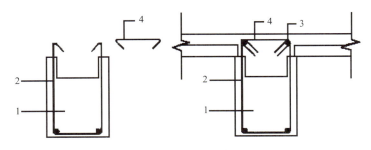

两端135°钩箍筋帽

图1-35 采用组合封闭箍筋的叠合梁

1—预制梁；2—开口箍筋；3—上部纵向钢筋；4—箍筋帽

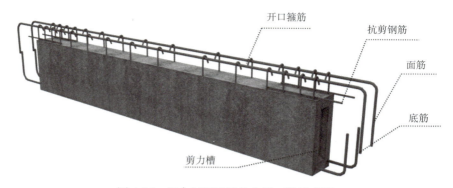

图 1-36 组合封闭箍筋叠合梁三维示意图

1.2.4 预制柱

预制混凝土柱是指在预制工厂预先按设计规定尺寸制作好模板，然后浇筑成型，通过现场装配的混凝土柱。预制柱一般分为实体预制柱和空心预制柱两种。实体预制柱一般在层高位置预留下钢筋接头，完成定位固定之后，在梁、板交会的节点位置使钢筋连通，并依靠后浇混凝土整体固定成型。如图 1-37 所示为实体预制柱图。

图 1-37 实体预制柱图

上下层预制柱竖向钢筋连接通常采用灌浆套筒进行连接，在预制柱下部预埋钢筋灌浆套筒，通过灌浆料的注入，完成上下柱之间的力学传递。如图 1-38 所示为实体预制柱安装固定后图示。

灌浆套筒是指带肋钢筋插入套筒后，将专用灌浆料充满套筒与钢筋的间隙，灌浆料硬化后与钢筋横肋和套筒内壁形成紧密啮合，从而实现钢筋和套筒之间的有效传力，达到 I 级接头性能。

图 1-38　实体预制柱安装固定后图示

套筒灌浆方式在日本、欧洲、美国等地已经有长期、大量的实践经验，国内也有充分的试验研究、一定的应用经验以及相关的产品标准和技术规程。每个接头试件的抗拉强度、屈服强度应符合《钢筋套筒灌浆连接应用技术规程》JGJ 355—2015（2023 年版）的要求。

灌浆套筒的技术成熟，适用面广，该连接技术在连接部位形成刚性节点，节点构造具有与现浇节点相近的受力性能，可适用于大直径钢筋连接。但是灌浆套筒工艺流程较为复杂，施工难度高，套筒及灌浆料的成本较高。由于灌浆套筒连接的质量检测比较困难，因此施工过程中对于连接节点处灌浆套筒质量、预制构件生产的精度、安装施工的组织和管理要求较高，是目前应用量最大的技术体系。如图 1-39 所示为预制柱灌浆套筒连接示意图。

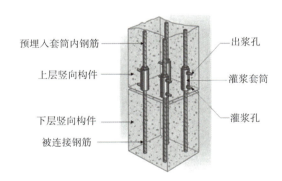

图 1-39　预制柱灌浆套筒连接示意图

1.2.5　预制外挂墙板

预制外挂墙板是指安装在主体结构上起围护、装饰作用的非承重预制混凝土外墙板。预制外挂墙板集围护、装饰、防水、保温于一体，采用工厂化生产、装配化施工，具有安装速度快、质量可控、耐久性好、便于保养和维修等特点，符合国家大力发展装配式建筑的方针政策。如图 1-40 所示为预制外挂墙板示意图。

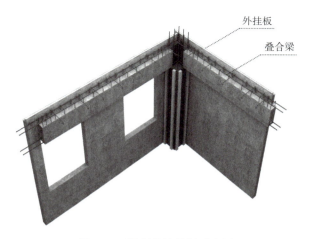

图 1-40　预制外挂墙板示意图

预制外挂墙板作为一种良好的外围护结构，在国外得到了较为广泛的应用，其在相关标准、设计、加工、施工、运营维护、配套产品等方面均比较成熟。国内也发布了《预制混凝土外挂墙板应用技术标准》JGJ/T 458—2018，对预制外挂墙板的设计、加工、施工和验收给出了相关的规定。

基于预制外挂墙板系统自身的复杂性，合理的外挂墙板支撑系统选型、墙板构件设计和墙板接缝及连接节点设计是预制外挂墙板合理应用的前提。

预制外挂墙板与主体结构采用柔性连接构造，主要有点支撑和线支撑两种安装方式，按照装配式建筑的装配工艺分类应该属于"干式做法"。

目前外挂墙板点支承方式，可以分为平移式外挂墙板和旋转式外挂墙板。它们与主体结构的连接节点又可分为承重节点和非承重节点两类。外挂墙板与主体结构的连接节点应采用预埋件，不得采用后锚固的方法。如图 1-41 和图 1-42 所示为预制外挂墙板连接示意图和实物图。

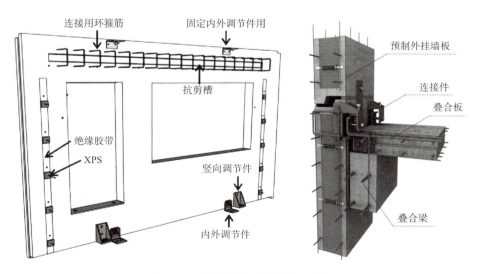

图 1-41　预制外挂墙板连接示意图

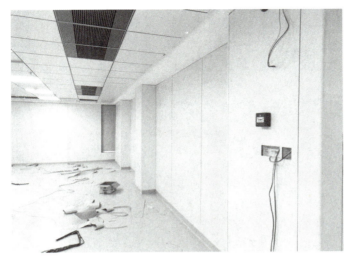

图 1-42 预制外挂墙板连接实物图

预制外挂墙板广泛应用在商业建筑、住宅、公共设施和工业厂房等领域，适用于单体建筑、高层建筑和装配式建筑等多种建筑类型。预制外挂墙板可以提高建筑的品质和提高施工效率，并在工程质量、环保和节约用地等方面发挥独特的优势，还具有独特的建筑外立面装饰效果，是国内外广泛采用的外围护结构形式。其能有效控制外墙的开裂、漏水等质量问题，且能减少外墙施工的现场湿作业，起到节能环保及减少劳动力需求等作用。考虑到住宅类建筑的使用功能要求相对特殊，在住宅类建筑中应用预制外挂墙板时，应特别注意并细化完善外挂墙板与主体结构之间的连接节点及接缝构造，以满足上下楼层间的隔声、防水、防火等要求。

1.2.6 其他类预制构件

1. 预制楼梯

预制楼梯是指在工厂制作的两个平台之间若干连接踏步、若干连续踏步和平板组合的混凝土构件。预制楼梯按结构形式可分为预制板式楼梯和预制梁板式楼梯。如图 1-43 所示为预制板式楼梯实物图。

建筑工业行业标准《预制混凝土楼梯》JG/T 562—2018 中规定了预制混凝土楼梯的分类、代号和标记、一般要求、要求、试验方法、检验规则、标志、堆放和运输、产品合格证等。

预制楼梯与支撑构件之间宜采用简支连接。采用简支连接时，宜一端设置固定铰，另一端设置滑动铰。设置滑动铰的端部应采取防止滑落的构造措施。如图 1-44 和图 1-45 所示为预制楼梯高端支撑为固定铰做法和预制楼梯低端支撑为滑动铰做法。

预制楼梯工厂提前预制生产，现场安装质量、效率大大提高、节约了工时和人力资源。安装后一次完成，无须再做饰面，清水混凝土面直接交房，外观好，结构施工阶段支撑少易通行，生产工厂和安装现场无垃圾产生。

图 1-43 预制板式楼梯实物图

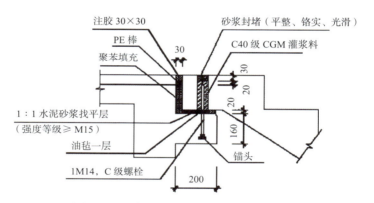

图 1-44 预制楼梯高端支撑为固定铰做法

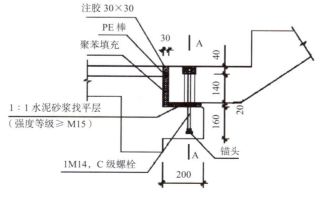

图 1-45 预制楼梯低端支撑为滑动铰做法

2. 预制阳台板

预制阳台板是指突出建筑物外立面悬挑的构件。按照构件形式分为叠合板式阳台、全预制板式阳台、全预制梁式阳台。预制阳台板通过预留埋件焊接及钢筋锚入主体结构后浇筑层进行有效连接。如图 1-46 所示为全预制梁式阳台。

图 1-46　全预制梁式阳台

叠合板式阳台类似于叠合板,由预制部分和叠合部分组成,主要通过预制部分的预制钢筋与叠合层的钢筋搭接或焊接与主体结构连成整体。如图 1-47 和图 1-48 所示为叠合板式阳台与主体结构安装平面图和叠合板式阳台与主体结构连接 1-1 节点详图。

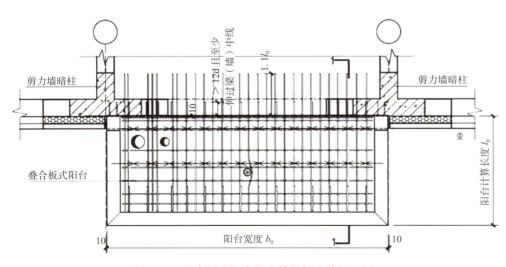

图 1-47　叠合板式阳台与主体结构安装平面图

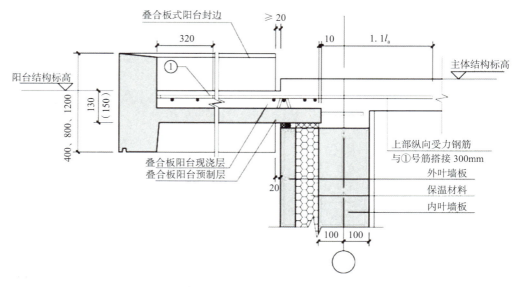

图 1-48 叠合板式阳台与主体结构连接 1-1 节点详图

3. 预制空调板

预制空调板是指建筑物外立面悬挑出来放置空调室外机的平台。预制空调板通过预留负弯矩筋伸入主体结构后浇层，浇筑成整体。如图 1-49 和图 1-50 所示为预制空调板实物图和预制空调板与主体连接节点示意图。

图 1-49 预制空调板实物图

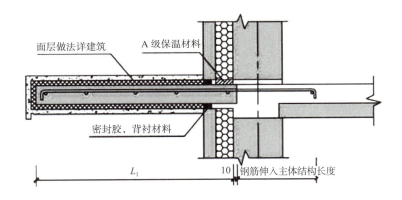

图 1-50　预制空调板与主体连接节点示意图

4. 预制内墙板

预制内墙板按成型方式分为挤压成型墙板和立模浇筑成型墙板两种。挤压成型墙板，也称预制条形墙板，是在预制工厂使用挤压成型机将轻质材料、搅拌均匀的料浆注入模板（模腔）成型的墙板。

预制内墙按照材料不同，可分为轻钢龙骨石膏板内墙、轻质混凝土空心墙板、蒸压加气混凝土板隔墙、木质骨石膏板隔墙等。

《建筑用轻质隔墙条板》GB/T 23451—2023、《建筑隔墙用轻质条板通用技术要求》JG/T 169—2016 中定义，轻质条板是采用轻质材料或空心构造，用于非承重内隔墙的预制条板。轻质条板按断面构造分为空心条板、实心条板和复合条板；按板的构件类型，分为普通板、门窗框板、异形板。如图 1-51 所示为轻质条板结构示意图。

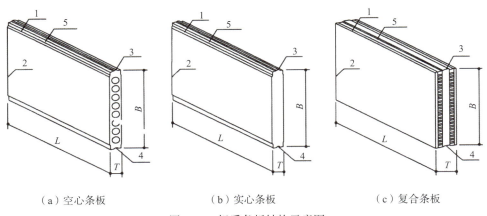

（a）空心条板　　　（b）实心条板　　　（c）复合条板

图 1-51　轻质条板结构示意图
1—板边；2—板端；3—榫头；4—榫槽；5—接缝槽

轻质混凝土空心墙板具有轻质、高强、保温、隔热、节能、安装方便、敷设管线方便、价格低的特点，在国内应用比较普遍。如图 1-52 所示为轻质混凝土空心墙板。

图 1-52　轻质混凝土空心墙板

课程思政案例

独具匠心——上海世博会远大馆及远大建设的高层项目

仅用 24 小时安装完成的上海世博会远大馆作为唯一被留用的企业馆获得广泛关注，如图 1-53 所示。远大馆主体分别为一幢 L 形和一幢金字塔形的建筑，L 形建筑最高为 8 层，另一面为 2 层，该建筑可抗 9 级地震；墙体采用保温材料，冬暖夏凉；新风经静电除尘后引入室内，比室外空气洁净数十倍。不仅如此，由于 100% 实现工厂化制造，建筑垃圾只有传统施工所产生垃圾的 1%。此外，该建筑的耗能也只相当于传统建筑的 20%。由于采用带有静电除尘器的换风机，室外空气经过机器进入室内时，99.9% 的尘埃和细菌都将被过滤掉。

图 1-53　上海世博会远大馆及远大建设的高层项目

项目1　装配式混凝土建筑及预制构件认知

[任务清单] 🔍

小组共同阅读理论知识，研讨、总结学习体会，完成以下考核任务清单。

考核任务清单

班级	姓名	学号

一、填空题

1. 在装配式混凝土结构中常用的预制混凝土构件主要包含：（　　　）、（　　　）、叠合梁、预制柱、预制外挂墙板、预制楼梯、叠合阳台板、预制女儿墙等。

2. 预制剪力墙根据使用位置不同分为（　　　）和（　　　）。

3. 预制剪力墙外墙板由内叶板、外叶板与中间保温板之间通过连接件浇筑而成，也称为预制混凝土（　　　）（又称预制三明治外墙）。

4. 预制剪力墙内墙板是布置在装配式混凝土建筑内部，起着（　　　）、（　　　）等作用。

二、简答题

1. 叠合楼板有哪些特点？

2. 叠合梁一般分两步实现装配和完整度，是哪两步？

3. 预制外挂墙板有哪些特点？

4. 预制阳台板按照构件形式分为哪几种？

39

[成绩考核]

自我评价及教师评价

任务名称				
姓名学号			班级组别	

序号	考核项目	分值	自我评定成绩	教师评定成绩
1	态度认真，思想意识高	10		
2	遵守纪律，积极完成小组任务	20		
3	能够独立完成任务清单	40		
4	能够按时完成课程练习	15		
5	书写规范、完整	15		

任务总结：

组长评价：

教师评价：　　　　　　　　评价时间：

项目 2

装配式混凝土预制构件的制作

Chapter 02

知识目标

了解预制构件原材料的进厂检验与保管内容；
了解预制构件生产厂区内的主要设备用途；
掌握预制构件的生产工艺及制作工艺流程。

能力目标

熟悉并运用装配式混凝土建筑的有关标准进行原材料的质量检验；
具备制作预制构件的能力，包括钢筋绑扎、模具组装与预埋件预埋，剪力墙外墙板吊装及连接等的实际操作能力。

素质目标

讲诚信、肯吃苦、勇于负责的道德品质和爱岗敬业的工作态度；
遵纪守法，具有良好的职业道德；
严格执行行业有关标准、规范、规程和制度。

"1+X"认证考试要求

装配式建筑构件制作与安装职业技能等级要求（初级）

工作领域	工作任务	职业技能要求
构件制作	钢筋绑扎与预埋件预埋	能进行图纸识读。 能完成生产前准备工作。 能操作钢筋加工设备进行钢筋下料。 能进行钢筋绑扎及固定。 能进行预埋件固定，并进行预留孔洞临时封堵。 能进行工完料清操作
	模具准备	能进行图纸识读。 选择模具和组装工具。 能进行画线操作。 能进行模具组装、校准。 能进行模具清理及脱模剂涂刷。 能进行模具的清污、除锈、维护保养
	构件浇筑	能完成生产前准备工作。 能进行布料操作。 能进行振捣操作。 能进行夹芯外墙板的保温材料布置和拉结件安装。 能处理混凝土粗糙面、收光面。 能进行工完料清操作
	构件养护及脱模	能完成生产前准备工作。 能控制养护条件和状态监测。 能进行养护窑构件出入库操作。 能对养护设备保养及维修提出要求。 能进行构件的脱模操作。 能进行工完料清操作

主要学习内容

任务 2.1 预制构件原材料的进厂检验与保管

原材料及配件应按照国家现行有关标准、设计文件及合同约定进行进厂检验。检验批划分应符合下列规定：

（1）预制构件生产单位将采购的同一厂家同批次材料、配件及半成品用于生产不同工程的预制构件时，可统一划分检验批；

（2）获得认证的或来源稳定且连续三批均一次检验合格的原材料及配件，进厂检验时检验批的容量可按本标准的有关规定扩容处理。出现不合格情况时，应按扩容前检验批容量重新检验，且该种原材料或配件不得再次扩容。

根据《装配式混凝土建筑技术标准》GB/T 51231—2016（以下简称《装标》）分别就原材料的进厂检验与保管做较为详尽的介绍。

2.1.1 混凝土材料进厂检验与保管

1. 水泥

（1）水泥进厂检验应符合以下规定：

1）同一厂家、同一品种、同一代号、同一强度等级且连续进厂的硅酸盐水泥，袋装水泥不超过 200t 为一批，散装水泥不超过 500t 为一批；按批抽取试样进行水泥强度、安定性和凝结时间检验，设计有其他要求时，尚应对相应的性能进行试验，检验结果应符合现行国家标准《通用硅酸盐水泥》GB175—2023 的有关规定。

国家大力推广散装水泥，散装水泥批号是在水泥装车时计算机自动编制的，水泥厂每发出 2000t 水泥自动换批号，经常出现预制构件生产单位连续进厂的水泥批号不一致，大大增加检验批次。目前，全国水泥质量大幅度提高，规定按照"同一厂家、同一品种、同一代号、同一强度等级且连续进厂的水泥"进行检验，完全能够保证质量。

强度、安定性是水泥的重要性能指标，与现行国家标准《混凝土结构工程施工质量验收规范》GB 50204—2015 规定一致，进厂时应复验。如图 2-1 所示为白色硅酸盐水泥。

2）同一厂家、同一强度等级、同白度且连续进厂的白色硅酸盐水泥，不超过 50t 为一批；按批抽取试样进行水泥强度、安定性和凝结时间检验，设计有其他要求时，尚应对相应的性能进行试验，检验结果应符合现行国家标准《白色硅酸盐水泥》GB/T 2015—2017 的有关规定。

装配式构件中装饰构件会越来越多，白水泥将逐渐成为构件厂采用的水泥之一，规定其进厂检验批量很有必要。本标准将白水泥的进厂检验批量定为 50t，主要是考虑白水泥总用量较小，批量过大容易过期失效。

图 2-1　白色硅酸盐水泥

（2）水泥的保管

1）散装水泥应存放在水泥仓内，仓外要挂有标识，标明进库日期、品种、强度等级、生产厂家、存放数量和检验标识等。

2）袋装水泥要存放在库房里，应在离地约 30cm 高度堆放，堆放高度一般不超过 10 袋；临时露天暂存水泥需用防雨篷布盖严，底板要垫高，并采取防潮措施。

3）保管日期不能超过 90d，存放超过 90d 的水泥要经重新检查外观、测定强度等指标，合格后方可按测定值调整配合比后使用。如图 2-2 和图 2-3 所示为袋装硅酸盐水泥和散装水泥或粉状掺合料运输车。

图 2-2　袋装硅酸盐水泥　　　　图 2-3　散装水泥或粉状掺合料运输车

2. 矿物掺合料

（1）矿物掺合料进厂检验应符合以下规定：

1）矿物掺合料进厂检验应符合下列规定：同一厂家、同一品种、同一技术指标的矿物掺合料，粉煤灰和粒化高炉矿渣粉不超过 200t 为一批，硅灰不超过 30t 为一批；

2）按批抽取试样进行细度（比表面积）、需水量比（流动度比）和烧失量（活性指数）试验；设计有其他要求时，尚应对相应的性能进行试验；检验结果应分别符合现行国家标准《用于水泥和混凝土中的粉煤灰》GB/T 1596—2017、《用于水泥、砂浆和混凝土中的粒化高炉矿渣粉》GB/T 18046—2017 和《砂浆和混凝土用硅灰》GB/T 27690—2023 的有关规定。

规范中只列出预制构件生产常用的粉煤灰、粒化高炉矿渣粉和硅灰三种矿物掺合料的进厂检验规定。其他矿物合料的使用和检测应符合设计要求和现行有关标准的规定。

（2）矿物掺合料的保管

袋装矿物掺合料要存放在库房内并苫盖，注意防潮防水；散装矿物掺合料应存放在立库内。库位或立库应设有明显的标识牌，标明进厂时间、品种、型号、厂家、存放数量，检验标识等。矿物掺合料入库后应及时使用，一般存放期不宜超过 3 个月，袋装的矿物掺合料应在存放期内定期翻动，以免干结硬化。

3. 减水剂

（1）减水剂进厂检验应符合以下规定：

1）同一厂家、同一品种的减水剂，掺量大于 1%（含 1%）的产品不超过 100t 为一批，掺量小于 1% 的产品不超过 50t 为一批；

2）按批抽取试样进行减水率、1d 抗压强度比、固体含量、含水率、pH 值和密度试验；

3）检验结果应符合国家现行标准《混凝土外加剂》GB 8076—2008、《混凝土外加剂应用技术规范》GB 50119—2013 和《聚羧酸系高性能减水剂》JG/T 223—2017 的有关规定。

混凝土减水剂是装配式预制构件生产采用的主要混凝土外加剂品种，而且宜采用早强型聚羧酸系高性能减水剂。如果预制构件企业根据实际情况需要添加缓凝剂、引气剂等其他品种外加剂时，其产品质量也应符合现行国家标准《混凝土外加剂》GB 8076—2008 和《混凝土外加剂应用技术规范》GB 50119—2013 的规定。

（2）减水剂的保管

1）水剂型减水剂宜在塑料容器内存放，粉剂型减水剂宜存放在室内，并注意防潮。

2）减水剂要按品种、型号、产地分别存放，存放在室外时应加以遮盖，避免日晒雨淋。

3）大多数水剂型减水剂有防冻要求，冬季必须在 5℃ 以上环境存放。

4）减水剂存放要挂有标识牌，标明名称、型号、产地数量、进厂日期、检验标识等信息。如图 2-4 和图 2-5 所示为袋装外加剂储存和液体外加剂储存。

图 2-4　袋装外加剂储存　　　　图 2-5　液体外加剂储存

4. 骨料

（1）骨料进厂检验应符合下列规定：

1）同一厂家（产地）且同一规格的骨料，不超过 400m³ 或 600t 为一批；

2）天然细骨料按批抽取试样进行颗粒级配、细度模数含泥量和泥块含量试验；机制砂和混合砂应进行石粉含量（含亚甲蓝）试验；再生细骨料还应进行微粉含量、再生胶砂需水量比和表观密度试验；

3）天然粗骨料按批抽取试样进行颗粒级配、含泥量、泥块含量和针片状颗粒含量试验，压碎指标可根据工程需要进行检验；再生粗骨料应增加微粉含量、吸水率、压碎指标和表观密度试验；

4）检验结果应符合国家现行标准《普通混凝土用砂、石质量及检验方法标准》JGJ 52—2006、《混凝土用再生粗骨料》GB/T 25177—2010 和《混凝土和砂浆用再生细骨料》GB/T 25176—2010 的有关规定。

除本条的检验项目外，骨料的坚固性、有害物质含量和氯离子含量等其他质量指标可在选择骨料时根据需要进行检验；一般情况下应由厂家提供的型式检验报告列出全套质量指标的检测结果。如图 2-6 和图 2-7 所示为目测砂、石质量和进厂砂、石过磅。

图 2-6　目测砂、石质量　　　　图 2-7　进厂砂、石过磅

（2）骨料的保管

骨料存放要按品种、规格、产地分别堆放，每堆要挂有标识牌，标明规格、

产地、存放数量和检验标识，应具有防混料和防雨等措施，骨料存储应当有骨料仓或者专用的棚厦，不宜露天存放，防止对环境造成污染。如图 2-8 和图 2-9 所示为砂、石露天堆场和封闭式堆场。

图 2-8　砂、石露天堆场　　　　　　图 2-9　砂、石封闭式堆场

5. 轻集料

轻集料进厂检验应符合下列规定：

（1）同一类别、同一规格且同密度等级，不超过 200m³ 为一批；

（2）轻细集料按批抽取试样进行细度模数和堆积密度试验，高强轻细集料还应进行强度标号试验；

（3）轻粗集料按批抽取试样进行颗粒级配、堆积密度、粒形系数、筒压强度和吸水率试验，高强轻粗集料还应进行强度标号试验；

（4）检验结果应符合现行国家标准《轻集料及其试验方法 第1部分：轻集料》GB/T 17431.1 的有关规定。

6. 混凝土拌制及养护用水

混凝土拌制及养护用水应符合现行行业标准《混凝土用水标准》JGJ63 的有关规定，并应符合下列规定：

（1）采用饮用水时，可不检验；

（2）采用中水、搅拌站清洗水或回收水时，应对其成分进行检验，同一水源每年至少检验一次。

回收水是指搅拌机和运输车等清洗用水经过沉淀、过滤、回收后再次加以利用的水。从节约水资源角度出发，鼓励回收水再利用，但回收水中因含有水泥、外加剂等原材料及其反应后的残留物，这些残留成分可能影响混凝土的使用性能，应经过试验方可确定能否使用。部分或全部回收水作为混凝土拌合用水的质量均应符合现行行业标准《混凝土用水标准》JGJ63 要求，用高压水冲洗预涂缓凝剂形成粗糙面的回收水，未经处理和未经检验合格，不得用作混凝土搅拌用水。

2.1.2 灌浆套筒与预埋件的进厂检验与保管

装配整体式混凝土结构预制构件主要采用钢筋套筒灌浆连接和浆锚连接两种方法。

进厂灌浆套筒应标明产品名称、执行标准、灌浆套筒型号、数量、重量、生产批号、生产日期、企业名称、通信地址和联系电话等，产品合格证如表2-1所示。

表2-1 钢筋连接用灌浆套筒产品合格证

××××××××公司			
××××灌浆套筒　产品合格证			
类型、型式		适用钢筋强度级别	
适用钢筋直径		生产日期	
生产批号		质检签章	

灌浆套筒和灌浆料进厂检验应符合现行行业标准《钢筋套筒灌浆连接应用技术规程》JGJ355的有关规定，灌浆料是灌浆套筒进货前进行的钢筋套筒连接工艺检验必不可少的材料。但由于生产单位用量极少，因此可以使用施工现场采购的同厂家、同品种、同型号产品。如果施工单位尚未开始进货，预制构件生产单位可以自购一批，检验合格后用于工艺检验。

（1）灌浆套筒的检验

1）型式检验报告

工程应用套筒灌浆连接时，应由接头提供单位提交所有规格接头的有效型式检验报告。检验时应核查：工程中应用的各种钢筋强度级别、直径对应的型式检验报告应齐全，报告应合格有效；型式检验报告送检单位与现场接头提供单位应一致；型式检验报告中的接头类型、灌浆套筒规格、级别、尺寸、灌浆料型号与现场使用的产品应一致；型式检验报告应在4年有效期内，可按灌浆套筒进厂检验日期确定等内容。如图2-10和图2-11所示为预制桩灌浆套筒连接和全灌浆套筒连接。

5. 灌浆套筒

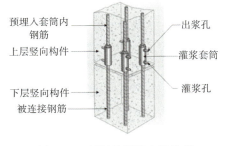

图2-10 预制桩灌浆套筒连接

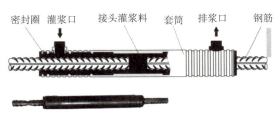

图2-11 全灌浆套筒连接

全灌浆套筒灌浆连接接头试件型式检验报告样式如表 2-2 和表 2-3 所示。

表 2-2　全灌浆套筒灌浆连接接头试件型式检验报告样式（第一部分：试件参数）

接头名称	全灌浆套筒灌浆连接接头	送检日期	
送检单位		试件制作地点	
试件制作单位		试件制作日期	
钢筋牌号		钢筋公称直径（mm）	
灌浆套筒品牌／型号		灌浆套筒材料	
灌浆料品牌、型号			

灌浆套筒设计尺寸及公差（mm）

长度	外径	剪力槽数量	剪力槽凸台高度	钢筋插入深度（预制端）	钢筋插入深度（装配端）

灌浆套筒外形尺寸、外观、标记的检验（mm）

试件编号	灌浆套筒外径		灌浆套筒长度	外观	标记	剪力槽		钢筋插入深度		钢筋对中／偏置
	A 方向	B 方向				数量	凸台高度	预制端	装配端	
NO.1										偏置
NO.2										偏置
NO.3										偏置
NO.4										对中
NO.5										对中
NO.6										对中
NO.7										对中
NO.8										对中
NO.9										对中
NO.10										对中
NO.11										对中
NO.12										对中

灌浆料性能

每 10kg 灌浆料加水量（kg）	试件抗压强度测量值（N/mm²）							合格指标（N/mm²）
	1	2	3	4	5	6	取值	

评定结论	

注 1：头试件实测尺寸、灌浆料性能由检验单位负责检验与填写，其他参数信息则由产品送检单位填写。

注 2：接头试件实测尺寸中外径量测任意两个端面。

注 3：标记、外观符合规定的，填"合格"字样

项目 2　装配式混凝土预制构件的制作

表 2-3　半灌浆套筒灌浆连接接头试件型式检验报告样式（第二部分：力学性能）

接头名称				送检日期		
送检单位				钢筋牌号		
钢筋母材试验结果		试件编号	NO.1	NO.2	NO.3	要求指标
		钢筋公称直径 /mm				
		屈服强度 /（N/mm²）				
		抗拉强度 /（N/m²）				
试验结果	偏置单向拉伸	试件编号	NO.1	NO.2	NO.3	要求指标
		屈服强度 /（N/mm²）				
		抗拉强度 /（N/m²）				
		破坏形式				钢筋拉断
	对中单向拉伸	试件编号	NO.4	NO.5	NO.6	要求指标
		屈服强度 /（N/mm²）				
		抗拉强度 /（N/mm²）				
		残余变形 /mm				
		最大力下总伸长率（%）				
		破坏形式				钢筋拉断
	高应力反复拉压	试件编号	NO.7	NO.8	NO.9	要求指标
		抗拉强度 /（N/mm²）				
		残余变形 /mm				
		破坏形式				钢筋拉断
	大变形反复拉压	试件编号	NO.10	NO.11	NO.12	要求指标
		抗拉强度 /（N/mm²）				
		残余变形 /mm				
		破坏形式				钢筋拉断
评定结论						
检验单位				试验日期		
试验员			试件制作监督人			
校核			负责人			

注：试件制作监督人应为检验单位人员

49

2）灌浆套筒外形和质量检验

灌浆套筒外观检验可采用目测。外径、壁厚、长度、凸起内径检验应采用游标卡尺或专用量具，卡尺精度不应低于0.02mm；灌浆套筒外径应在同一截面相互垂直的两个方向测量，取其平均值；壁厚的测量可在同一截面相互垂直的两方向测量套筒内径，取其平均值，通过外径、内径尺寸计算出壁厚。当灌浆套筒为不等壁厚结构时，应按产品设计图测量其拉伸力最大处，并记为套筒壁厚值。对于外径为光滑表面的套筒，可采用超声波测厚仪测量厚度值。如图2-12所示为灌浆套筒。

内螺纹中径应使用螺纹塞规检验，外螺纹中径应使用螺纹环规检验，内螺纹小径和外螺纹大径可用光规或游标卡尺测量。

灌浆连接段凹槽大孔应用内卡规检验，卡规精度不应低于0.02mm。

剪力槽数量可采用目测。剪力槽宽度和凸台轴向宽度、径向高度应采用游标卡尺或专用量具检验，可采用纵向截面剖切后测量。

全灌浆套筒的轴向定位点深度应用钢板尺、卡尺或专用量具检验。

图2-12　灌浆套筒

3）力学性能

灌浆套筒的力学性能试验，将灌浆套筒、母材极限抗拉强度不小于标准值1.15倍的钢筋、实际承载力不小于被连接钢筋受拉承载力标准值1.20倍的高强度工具杆和符合《钢筋套筒灌浆连接应用技术规程（2023年版）》JGJ 355—2015型式检验要求的灌浆料，灌浆端按照《钢筋套筒灌浆连接应用技术规程（2023年版）》JGJ 355—2015规定的套筒灌浆连接接头型式检验试件制作方法，非灌浆端按照《钢筋机械连接技术规程》JGJ 107规定的直螺纹接头制作方法，制成对中接头试件3个，按照《钢筋机械连接技术规程》JGJ 107规定的单向拉伸加载制度试验，记录每个灌浆接头试件的屈服强度值、极限抗拉强度值、残余变形值和最大力伸长率。

灌浆套筒型式检验的力学性能试验，将灌浆套筒、母材极限抗拉强度不小于标准值1.15倍的钢筋、符合《钢筋套筒灌浆连接应用技术规程（2023年版）》JGJ 355—2015型式检验要求的灌浆料，灌浆端按照《钢筋套筒灌浆连接应用技术规程（2023年版）》JGJ 355—2015规定的套筒灌浆连接接头型式检验试件制作方法，非灌浆端按照《钢筋机械连接技术规程》JGJ 107规定的直螺纹接头制作方法，制成套筒灌浆连接接头试件，制作数量、试验方法应按照《钢筋套筒灌浆连接应用技术规程》JGJ 355—2015（2023年版）规定的套筒灌浆连接接头型式检验方法进行。

灌浆套筒的疲劳性能试验，将灌浆套筒、母材极限抗拉强度不小于标准值1.15倍的钢筋、符合《钢筋套筒灌浆连接应用技术规程》JGJ 355—2015（2023年版）型式检验要求的灌浆料，灌浆端按照JGJ 355—2015（2023年版）规定的套筒灌浆连接接头型式检验试件制作方法，非灌浆端按照《钢筋机械连接技术规程》JGJ 107规定的直螺纹接头制作方法，制成套筒灌浆连接接头试件，制作数量、试验方法应按照《钢筋机械连接技术规程》JGJ 107规定的接头疲劳检验方法进行。

（2）灌浆料的检验

灌浆料进厂时，应对灌浆料拌合物30min流动度、泌水率及3d抗压强度、28d抗压强度、3h竖向膨胀率、24h与3h竖向膨胀率差值进行检验，检验结果应符合《钢筋套筒灌浆连接应用技术规程》JGJ 355—2015（2023年版）第3.1.3条的有关规定。

检查数量：同一成分、同一批号的灌浆料，不超过50t为一批，每批按现行行业标准《钢筋连接用套筒灌浆料》JG/T 408—2019的有关规定随机抽取灌浆料制作试件。

检验方法：检查质量证明文件和抽样检验报告。

（3）灌浆套筒连接检验项目

当需要确定接头性能、灌浆套筒材料供应结构改动、灌浆料型号成分改动、钢筋强度等级、肋形发生变化以及型式检验报告超过4年时，须进行接头形式检验。如图2-13所示为灌浆套筒连接件示意图。

图2-13　灌浆套筒连接件示意图

用于型式检验的钢筋、灌浆套筒、灌浆料应符合国家现行标准《钢筋混凝土用钢第2部分：热轧带肋钢筋》GB 1499.2—2024、《钢筋混凝土用余热处理钢筋》GB/T 13014—2013、《钢筋连接用灌浆套筒》JG/T 398—2019、《钢筋连接用套筒灌浆料》JG/T 408—2019的规定。

1）每种套筒灌浆连接接头型式检验的试件数量与检验项目应符合下列规定：

对中接头试件应为9个，其中3个做单向拉伸试验，3个做高应力反复拉压试验，3个做大变形，反复拉压试验；偏置接头试件应为3个做单向拉伸试验；钢筋试件应为3个做单向拉伸试验；全部试件的钢筋均应在同一炉号的1根或2根钢筋上截取。

2）用于型式检验的套筒灌浆连接接头试件，应在检验单位监督下，由送检单位制作并应符合下列规定：

3个偏置接头试件应保证一端钢筋插入灌浆套筒中心，一端钢筋偏置后，钢筋横肋与套筒壁接触；9个对中接头试件的钢筋均应插入灌浆套筒筒中心；所有接头试件的钢筋应与灌浆套筒轴线重合或平行，钢筋在灌浆套筒内的插入深度应为灌浆套筒的设计锚固深度。

接头试件应按《钢筋套筒灌浆连接应用技术规程》JGJ 355—2015（2023年版）第6.3.8条、第6.3.9条的有关规定进行灌浆，对于半罐浆套筒连接机械连接端的加工，应符合现行行业标准《钢筋机械连接技术规程》JGJ 107的有关规定。

采用灌浆料拌合物制作的试件（40mm×40mm×160mm）不应少于1组，并宜留设不少于2组；接头试件及灌浆料试件应在标准养护条件下养护；接头试件在试验前不应进行预拉。

①型式检验试验时，灌胶料抗压强度不应小于80N/mm^2，且不应大于95N/mm^2；当灌浆料28d抗压强度合格指标（f_g）高于85N/mm^2，试验时的灌浆料抗压强度低于28d，抗压强度合格指标的数值不应大于5N/mm^2，且超过28d抗压强度合格指标的数值不应大于10N/mm^{2}与$0.1f_g$二者的较大值；当型式检验试验时，灌浆料抗压强度低于28d抗压强度合格指标时，应增加检验灌浆料28d抗压强度。

②型式检验的试验方法应符合现行行业标准《钢筋机械连接技术规程》JGJ 107的有关规定，并应符合下列规定：

接头试件的加载力应符合《钢筋套筒灌浆连接应用技术规程》JGJ 355—2015（2023年版）第3.2.5条的规定；偏置单向拉伸接头试件的抗拉强度试验应采用零到破坏的一次加载制度；大变形反复拉压试验的前后反复4次变形加载值分别应取$2\varepsilon_{yk}$和$5\varepsilon_{yk}$，其中ε_{yk}是应力为屈服强度标准值时的钢筋应变。

③当型式检验的浆料抗压强度符合《钢筋套筒灌浆连接应用技术规程》JGJ 355—2015（2023年版）第5.0.5条的规定，且型式检验试验结果符合下列规定时可评为合格：

强度检验：每个接头试件的抗拉强度实测值均应符合《钢筋套筒灌浆连接应用技术规程》JGJ 355—2015（2023年版）第3.2.2A条的强度要求，3个对中单向拉伸试件，3个偏置单向拉伸试件的屈服强度实测值均应符合《钢筋套筒灌浆连接应用技术规程》JGJ 355—2015（2023年版）的强度要求。

变形检验：对残余变形和最大力下总伸长率相应项目的3个试件实测值的平均值应符合《钢筋套筒灌浆连接应用技术规程》JGJ 355—2015（2023年版）第3.2.6条的规定。

钢筋套筒检验项目、参数及设备如表2-4所示。

项目 2　装配式混凝土预制构件的制作

表 2-4　钢筋套筒检测项目、参数及设备

检测项目	检测参数		设备名称及规格型号
灌浆套筒	尺寸偏差 /mm	外径允许偏差	通用设备：钢直尺 专用设备：游标卡尺或专用量具，卡尺精确度不低于 0.02mm；螺纹塞规，环规；内卡规（带表），卡规精度不低于 0.2mm
		壁厚允许偏差	
		长度允许偏差	
		直螺纹精度	
	锚固段环形凸起部分的内径允许偏差 /mm		
	灌浆段最小内径偏差 /mm		
	剪力槽数 / 个	全灌浆	
		半灌浆	
灌浆套筒连接接头	对中单向拉伸	抗拉强度 /MPa	通用设备：钢直尺 专用设备：1000kN、600kN 拉力试验机（精度为 1%），残余变形引伸计（精度 0.01mm），游标卡尺（精度为 1%）等
		屈服强度 /MPa	
		最大力下总伸长率 /%	
	残余变形	高应力反复拉压 /mm	
		大变形反复拉压 /mm	
锚固板	抗拉强度 /MPa		锚固板拉伸专用夹具，游标卡尺（精度为 1%）等
灌浆料	钢筋套筒连接用	流动度 /mm	初始值	通用设备：钢直尺、吸管（0.01g）、天平、水泥胶砂搅拌机、水泥凝结时间测定用截锥试模、玻璃板（500mm×500mm）、试模（40mm×40mm×160mm）； 专用设备：300kN 压力试验机（精度为 1%）、竖向膨胀测量仪表组件（百分表精度不低于 0.01mm、磁力式百分表架和 250mm×250mm×15mm 钢垫板）、立方体钢底试模（100mm×100mm×100mm）、氯离子含量测定仪
			30min 保留值	
		抗压强度 /MPa	1d	
			3d	
			28d	
		竖向膨胀率 /%	3h	
			24h 与 3h 的膨胀率之差	
		氯离子含量 /%		
		泌水率 /%		
	钢筋浆锚连接用	流动度 /mm	初始值	
			30min 保留值	
		抗压强度 /MPa	1d	
			3d	
			28d	
		竖向膨胀率 /%	3h	
			24h 与 3h 的膨胀率之差	
		泌水率 /%		
剪力墙底部连接缝坐浆	抗压强度 /MPa		70.7mm 的立方试模，压力试验机（精度应为 1%），量程应能使试件的预期破坏荷重值在全量程的 20%～80%

灌浆套筒在运输过程中应有防水防雨措施，应储存在具有防水防雨防潮的环境中，并按规格型号分别码放。

2.1.3 预埋件的检验和保管

预埋件（预制埋件）就是预先安装（埋藏）在隐蔽工程内的构件，是在结构浇筑时安置的构配件，用于砌筑上部结构时的搭接，以利于外部工程设备基础的安装固定。预埋件大多由金属材料制造，例如：钢筋或者铸铁，也可用木头、塑料等非金属刚性材料。

1. 预埋件的种类

（1）预埋件

预埋件是在结构中留设由钢板和锚固筋的构件，用来连接结构构件或非结构构件。比如做后工序固定（如门、窗、幕墙、水管、煤气管等）用的连接件。预埋件应用如图 2-14 和图 2-15 所示。

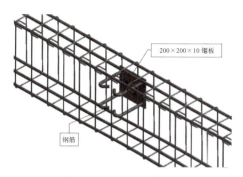

图 2-14　预埋件应用 1　　　　　图 2-15　预埋件应用 2

（2）预埋管

预埋管是在结构中留设管（常见的是钢管、铸铁管或 PVC 管）用来穿管或留洞口为设备服务的通道。比如在后期穿各种管线用的（如强弱电、给水、煤气等）。常用于混凝土墙梁上的管道预留孔。

（3）预埋螺栓

预埋螺栓是在结构中，一次把螺栓预埋在结构里，上部留出的螺栓丝扣用来固定构件，起到连接固定的作用。如图 2-16 和图 2-17 所示为地脚螺栓和高铁用 U 形螺栓铆接哈芬槽预埋件。

图 2-16　地脚螺栓　　　　　图 2-17　高铁用 U 形螺栓铆接哈芬槽预埋件

2. 预埋件的检验

预埋件的材料、品种、规格、型号应符合现行国家相关标准的规定和设计要求；应按照预制构件制作图进行制作，并准确定位预埋件的设置及检测，应满足设计及施工要求。

预埋件加工及安装固定的允许偏差，应满足表 2-5 的规定。

表 2-5　预埋件加工及安装固定允许偏差　　　单位：mm

序号	检测项目与内容		允许偏差	检验方法
1	规格尺寸		0，−5	用尺量
2	表面平整度		2	
3	预埋板	中心位置偏移	5	
		与混凝土面平面高差	0，−5	
4	预埋螺栓螺母	中心位置偏移	2	
		外露长度	+10，−5	
5	预留孔洞	中心位置偏移	5	
		垂直度	1/3	
		尺寸	±3	
6	预埋套筒	中心位置偏移	2	

3. 预埋件的保管

预埋件应按照不同材料、不同品种、不同规格分类存放并标识。预埋件应进行防腐防锈处理，并应满足现行国家标准《工业建筑防腐蚀设计标准》GB/T 50046 和《涂覆涂料前钢材表面处理　表面清洁度的目视评定》GB/T 8923.1～GB/T 8923.4 的有关规定。

2.1.4　钢材的检验与保管

1. 钢筋的类型

混凝土结构用钢材主要是指钢筋，即与混凝土所形成的钢筋混凝土或预应力钢筋混凝土，其钢材截面为圆形，有时为带有圆角的方形，包括光圆钢筋、带肋钢筋和扭转钢筋。

（1）光圆钢筋

光圆钢筋是经热轧成型并自然冷却的成品钢筋，表面光圆，是由低碳钢和普通合金钢在高温状态下压制而成，强度较低，但塑性及焊接性较好，便于冷加工，主要用于钢筋混凝土和预应力混凝土结构的配筋，是土木建筑工程中使用量最大的钢材品种之一。直径 6.5～12mm 的光圆钢筋大多数卷成盘条；直径 12～40mm 的钢筋一般是 6～12m 长的直条形式，如图 2-18 和图 2-19 所示。

图 2-18　光圆钢筋盘条　　　　图 2-19　光圆钢筋直条

（2）带肋钢筋

螺纹钢是热轧带肋钢筋的俗称。热轧带肋钢筋（Hotrolled Ribbed Steel Bar）的牌号由 HRB 和牌号的屈服点最小值构成。H、R、B 分别为热轧（Hotrolled）、带肋（Ribbed）、条状物（Bar）三个词的英文首位字母。热轧带肋钢筋分为 HRB400、HRB500。

带肋钢筋是由低合金钢轧制而成，外形有螺旋形、人字形和月牙形三种，一般Ⅱ、Ⅲ级钢筋轧制成人字形，Ⅳ级钢筋轧制成螺旋形及月牙形。如图 2-20 和图 2-21 所示为带肋钢筋盘条和直条。

主要用途：广泛用于房屋、桥梁、道路等土建工程建设。

钢筋具有较好的抗拉抗压强度，同时与混凝土具有很好的握裹力，是一种耐久性，防火性很好的结构受力材料。

图 2-20　带肋钢筋盘条　　　　图 2-21　带肋钢筋直条

2. 钢筋的检验

钢筋进厂时，应全数检查外观质量，并应按国家现行有关标准的规定抽取试件做屈服强度、抗拉强度、伸长率、弯曲性能和重量偏差检验，检验结果应符合相关标准的规定，检查数量应按进厂批次和产品的抽样检验方案确定。

成型钢筋进厂检验应符合下列规定：

同一厂家、同一类型且同一钢筋来源的成型钢筋，不超过 30t 为一批，每批中每种钢筋牌号、规格均应至少抽取 1 个钢筋试件，总数不应少于 3 个，进行屈服强度、抗拉强度、伸长率、外观质量、尺寸偏差和重量偏差检验，检验结果应符合国家现行有关标准的规定。

对由热轧钢筋组成的成型钢筋，当有企业或监理单位的代表驻厂监督加工过程并能提供原材料力学性能检验报告时，可仅进行重量偏差检验。

如表 2-6 和表 2-7 所示为光圆钢筋和带肋钢筋的检验指标。

表 2-6　光圆钢筋检验指标

序号	公称直径 / mm	公称截面面积 /mm²	公称重量 / kg/m	不圆度	直径偏差 / mm	实际重量与公称重量偏差 /%
1	8	50.27	0.395	≤0.4	±0.4	±7
2	10	78.54	0.617	≤0.4	±0.4	±7
3	12	113.1	0.888	≤0.4	±0.4	±7
4	14	153.9	1.21	≤0.4	±0.4	±5
5	16	201.1	1.58	≤0.4	±0.4	±5
6	18	254.5	2.00	≤0.4	±0.4	±5
7	20	314.2	2.47	≤0.4	±0.4	±5

表 2-7　带肋钢筋检验指标

序号	公称直径 /mm	公称截面面积 /mm²	公称重量 /kg/m	实际重量与公称重量偏差 /%	月牙肋钢筋公称尺寸允许偏差（内径）/mm	横肋高 /mm
1	8	50.27	0.395	±7	7.7±0.4	0.8±0.40.2
2	10	78.54	0.617	±7	9.6±0.4	1.0±0.40.2
3	12	113.1	0.888	±7	11.5±0.4	1.2±0.4
4	14	153.9	1.21	±5	13.4±0.4	1.4±0.4
5	16	201.1	1.58	±5	15.4±0.4	1.5±0.4
6	18	254.5	2.00	±5	17.3±0.4	1.6±0.20.4
7	20	314.2	2.47	±5	19.3±0.5	1.7±0.5
8	22	280.1	2.98	±4	21.3±0.5	1.9±0.6
9	25	490.9	3.85	±4	24.2±0.5	2.1±0.6
10	28	615.8	4.83	±4	27.2±0.6	2.2±0.4
11	32	804.2	6.31	±4	31.0±0.6	2.4±0.20.7
12	36	1018	7.99	±4	35.0±0.6	2.6±1.00.2

（1）重量检验

过磅：重车与轻车重量之差，以吨计（±3% 磅差在合同范围内）。重轻磅车过磅，磅上人物一样多。

（2）外观质量检验

光圆钢筋表面应带热轧后光泽，应无明显浮锈，表面光滑，每米弯曲≤4mm，总弯曲度不大于总长度的0.4%，表面不得有裂纹、折叠、结疤，表面凹凸不大于所在部位尺寸的允许偏差。

带肋钢筋表面应带热轧后光泽，应在其表面轧级别标志、厂名或商标、规格；弯曲度≤4mm/m，总弯曲度不大于总长度的0.4%×总长度；表面不得有裂纹、折叠、结疤，表面允许有凸块不得超过横肋高度，其他缺陷不得大于尺寸的允许偏差，允许端头有少量浮锈。

（3）内在质量检验

当发现钢筋脆断、焊接性能不良或力学性能显著不正常等现象时，应对该批钢筋进行化学成分检验或其他专项检验。

钢筋进厂时，应按现行国家标准的规定抽取试件做力学性能检验，其质量必须符合有关标准的规定。对有抗震设防要求的框架结构，其纵向受力钢筋的强度应满足设计要求；当设计无具体要求时，对一、二级抗震等级，检验所得的强度实测值应符合下列规定：钢筋的抗拉强度实测值与屈服强度实测值的比值不应小于1.25；钢筋的屈服强度实测值与强度标准值的比值不应大于1.3。

（4）质量证明文件要求

钢厂原件或复印件加盖供货单位红章，表面日期、送货人。证明文件上的记录应与实物相符并清晰可识别。

（5）复检

盘条：按批次取样，每批3组，每个试样≥350mm长；每一批号（不大于60t），做拉伸试验1组，冷弯试验2组。

光圆钢筋和带肋钢筋：按批次取样，每批4组，每个试样≥350mm长；每一批号（不大于60t），做拉伸试验2组，冷弯试验2组。

合金制作的建筑钢材须逐件做光谱复检。

3. 钢筋的保管

钢筋进厂应按批次的级别、品种、直径和外形分类码放，并注明产地、规格、品种和质量检验状态等。

（1）与地面隔离200mm；支撑间隙1.5m，严禁与水长时间接触；

（2）做好品名、规格、材质、状态标识；

（3）长期存放应遮苫，定期除锈。

（4）坚持先进先出的原则。

2.1.5 拉结件的检验与保管

外墙保温拉结件是用于连接预制保温墙体内、外层混凝土墙板，传递墙板剪力，以使内外层墙板形成整体的连接器。

目前在预制夹芯保温墙体中使用的拉结件主要有玻璃纤维拉结件、玄武岩纤维钢筋拉结件、不锈钢拉结件，拉结件宜选用纤维增强复合材料或由不锈钢薄钢板加工制成。

6. 保温材料拉结件

拉结件的防腐、耐久性和防火性能及质量，直接影响夹芯保温板的内叶板与外叶板连接的可靠性，因此，对拉结件应进行严格的检验与保管。

1. 拉结件的检验

根据《装标》，拉结件进厂检验应符合以下规定：同一厂家、同一类别、同一规格预埋吊件，不超过 1000 件为一批；按批抽取试样进行外观尺寸、材料性能、抗拉拔性能等试验；检验结果应符合设计要求。拉结件厂家要提供产品合格证和相关的试验检测报告。

2. 拉结件的保管

按类别、规格、型号分别存放，存放在干燥通风的场所且要有标识，要有防变形、防金属拉结件锈蚀等措施。

2.1.6 埋设材料检验与保管

1. 门窗的检验与保管

（1）门窗的检验

根据设计图样要求进行门窗的采购，门窗材质、外观质量、尺寸偏差、力学性能、物理性能等应符合现行相关标准；

预埋门窗进厂时要有产品合格证、使用说明书和出厂检验报告等相关质量证明文件，品种、规格性能、型材壁厚、连接方式等应满足设计要求和现行相关标准的要求；

门窗进厂时，保管员与质检员须逐套对其材质、数量、尺寸进行检查；

每一扇门窗都要有单独的包装和防护，并且有标识。

（2）门窗的保管

门窗应放置在清洁平整的地方，切记应避免日晒雨淋，不要直接接触地面，下部应放置垫木，均应立放，与地面夹角不应小于 70°，要有防倾倒措施；

门窗不得与有腐蚀性的物质接触；

当门窗框直接安装在预制构件中时，应在模具上设置弹性限位件进行固定，门窗框应采取包裹或者覆盖等保护措施，生产和吊装运输过程中，不得污染、划伤和损坏；

防水密封胶条应有产品合格证和出厂检验报告，质量和耐久性应满足现行相关标准要求，制作时防水密封胶条不应在构造转角处搭接节点，防水的检查措施应到位。

2. 防雷引下线的检验与保管

防雷引下线通常用 25mm×4mm 镀锌扁钢、圆钢或镀锌纹线等制成，日本一般采用直径 10～15mm 的铜线防雷引下线。防雷引下线应满足《建筑物防雷设计规范》GB 50057—2010 中的要求。

（1）防雷引下线的检验与进厂检验

材质要符合设计要求。材料进厂要有材质检验报告，外层有防锈镀锌要求的，确保镀锌层符合现行规范要求。进厂的防雷引下线要有合格证、检验报告等质量证明文件。

（2）防雷引下线的保管

防雷引下线要存放在通风干燥的仓库中，存放时要有明显的标识，应架高，不得落地堆放、与其他金属物堆放在一起，不得与酸、碱、油等具有腐蚀性的物质接触。

3. 水电管线的检验与保管

当预制构件需要埋设水电管线时，对进厂水电管线材料的检验和保管应符合以下要求。

（1）水电管线的检验与进厂检验

预埋管线的材料、品种、规格、型号应符合国家相关标准的规定和设计要求。对水电管线要进行外观质量、材质、尺寸和壁厚等指标检验。有特殊工艺要求的水电管线要符合工艺设计要求。水电管线要符合设计图样的要求，进厂的水电管线要有合格证、检验报告等质量证明文件。

（2）水电管线的保管

水电管线储存保管要通风、干燥、防火防暴晒，水电管线要有标识，按规格、型号、尺寸分类存放。

2.1.7 保温材料检验与保管

保温材料是指对热流具有显著阻抗性、导热系数小、有孔的功能性材料。形成封闭的憎水性微孔隙空腔结构是保温材料的重要指标，也是研究保温材料热传力性能的关键。由于孔隙比表面积大，则吸附能力强，而水的导热系数比空气大24倍，故常用保温材料为憎水性材料。

保温材料依据材料性质大体分为有机保温材料，无机保温材料和复合保温材料，不同保温材料性能各异。材料的导热系数的大小是衡量保温材料的重要指标。

常用的保温材料有聚苯板、挤塑聚苯板、石墨聚苯板、真金板、泡沫混凝土板、泡沫玻璃保温板、发泡聚氨酯板和真空绝热板等。如图2-22和图2-23所示为聚苯板和泡沫混凝土板。

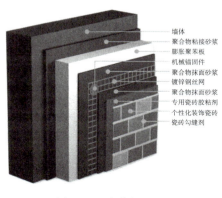

图2-22　聚苯板

图2-23　泡沫混凝土板

1. 保温材料的进厂与检验

根据《装标》9.2.14 条保温材料进厂检验应符合以下规定：同一厂家、同一品种且同一规格，不超过 5000m³ 为一批；按批抽取试样进行导热系数、密度、压缩强度、吸水率和燃烧性能试验；检验结果应符合设计要求和国家现行相关标准的有关规定。进厂的保温材料要有合格证、检验报告等质量证明文件。

保温材料按体积检验数量，计量单位为立方米，由仓库保管员进行清点核算，生产厂家要提供产品数量、型号、生产日期等。

2. 保温材料保管

保温材料要存放在防火区域，存放区域需配置消防器材。存放时应注意防水防潮，应按品种、类别、规格、型号分开存放。

2.1.8 表面装饰材料检验与保管

外装饰材料主要有石材、面砖、饰面砂浆及真石漆等。

1. 石材

（1）石材的检验与进厂检验

石材检验要符合设计图样的要求，符合现行标准的要求，常用石材厚度为 25～30mm。石材除了考虑安全性的要求外，还要考虑装饰效果。石材采购尽可能减少色差。石材表面不得有贯穿性裂纹和明显的斑块。进场的石材要有合格证、检验报告等质量证明文件。

（2）石材的保管

石材板材直立码放时，应光面相对倾斜度不应大于 15°，底面与光面之间用无污染的弹性材料支撑。按规格、型号分类存放，并做好标识。每组石材应挂明细单，标明每块石材的规格、尺寸等信息。石材宜采用木板等打包存放，高度不宜过高，防止破损。

2. 装饰面砖

（1）装饰面砖的检验与进厂检验

装饰面砖检验要符合设计图样和国家现行相关标准。各类装饰面砖的外观尺寸、表面质量、物理性能、化学性能要符合相关规范，要求由厂家提供型式检验报告，必要时要进行复检。

外包装箱上要求有详细的标识，包含制造厂家、生产场地、质量标志、砖的型号、规格、尺寸、生产日期等。对照样块进行检查检验，主要检查装饰面砖的尺寸偏差、颜色偏差和翘曲情况；

进厂的装饰面砖要有合格证、检验报告等质量证明文件。

（2）装饰面砖的保管

装饰面砖要存放在通风干燥的仓库内，注意防潮。可以码垛存放，但不宜超过三层。按照规格、型号、分类存放，做好标识。

2.1.9　其他材料检验与保管

1. 钢筋间隔件的检验与保管

钢筋间隔件（保护层垫块）按材质分为水泥间隔件、塑料间隔件和金属间隔件三种类型。钢筋间隔件的选用检验应注意以下几点：

（1）钢筋间隔件的检验

钢筋间隔件应符合现行行业标准《混凝土结构用钢筋间隔件应用技术规程》JGJ/T 219 规定：间隔件应做承载力抽样检查，间隔件承载力应符合要求。同一类型的钢筋间隔件，每批检查数量应为总量的 0.1%，且不应小于 5 件。检查产品合格证和出厂检验报告。水泥基类钢筋间隔件应符合现行有关标准，检查砂浆或混凝土试验强度。检查外观形状，尺寸偏差要符合规程要求。

（2）钢筋间隔件的保管

钢筋间隔件应存放在干燥通风的环境。钢筋间隔件应按品种、类别、规格分类存放，并做好标识。钢筋间隔件上不得沾染油脂或其他酸碱类化学物质。间隔件上方不得重压，塑料类间隔件存放不得超过产品有效期。

2. 脱模剂、缓凝剂和修补料的检验与保管

（1）脱模剂、缓凝剂和修补料的检验

应选用无毒无刺激性气味，不影响混凝土性能和预制构件表面装饰效果的脱模剂、缓凝剂和修补料。检验时要对照采购单核对品名、厂家规格、型号、生产日期、说明书等。在规定的使用期限内使用，超过使用期限应做性能试验，检查合格后方能使用。脱模剂应按照使用品种选用，选用前及进厂后，每年进行一次匀质性和施工性能试验。进厂的脱模剂、缓凝剂、修补料要有合格证、检验报告等质量证明文件。

（2）脱模剂、缓凝剂和修补料的保管

脱模剂、缓凝剂和修补料在运输储存过程中，要防止暴晒、雨淋、冰冻，并存放在专用仓库或固定的场所，妥善保管，方便识别、检查、取用等。

项目 2　装配式混凝土预制构件的制作

［任务清单］

试按《装配式混凝土结构工程施工质量验收标准》DB23/T 2505—2019 要求，填写混凝土施工检验批质量检验记录表，并完成自我评价表。

混凝土施工检验批质量检验记录表

单位（子单位）工程名称			分部（子分部）工程名称		分项工程名称	
施工单位			项目负责人		检验批容量	
分包单位			分包单位项目负责人		检验批部位	
施工依据				检验依据		
施工质量检验规定的要求				最小／实际抽样数量	施工单位检查记录	
主控项目	1	混凝土强度等级及试件的取样和留置	第 7.2.1 条			
一般项目	2	预制构件的结合面	第 7.2.2 条			
		混凝土后浇带的留设位置	第 7.1.4 条			
		混凝土施工缝的处理方法	第 7.1.4 条			
		混凝土后浇带的处理方法	第 7.1.4 条			
	3	混凝土养护	第 7.23 条			
施工单位检查结果			专业工长（施工员）、项目专业质量检查员：			
监理单位检验结论			专业监理工程师：　　　年　　月　　日			

63

[成绩考核]

自我评价及教师评价

任务名称				
姓名学号			班级组别	
序号	考核项目	分值	自我评定成绩	教师评定成绩
1	态度认真，思想意识高	10		
2	遵守纪律，积极完成小组任务	20		
3	能够独立完成任务清单	40		
4	能够按时完成课程练习	15		
5	书写规范、完整	15		

任务总结：

组长评价：

教师评价：　　　　　　　　评价时间：

任务 2.2　预制构件制作设备与工具

预制构件生产厂区内主要设备按照使用功能可分为生产设备、生产运转设备、起重设备、钢筋加工设备和常见的预制构件模具等。

2.2.1　生产设备

预制构件的生产设备主要包括：模台、模台辊道、清扫机、画线机、送料机、布料机、振实台、养护窑、拉毛机、脱模机等。

1. 模台

模台用于混凝土预制件的生产，包含由钢板焊接而成且带磨光成形的金属框架结构，如图 2-24 所示。模台的尺寸及荷载由混凝土预制件的尺寸和类型及设备设计理念决定。从启动到混凝土预制件的起吊，模台在流水线上流转于不同的工作站，先后完成清扫、划线、预埋、喷油、配筋、浇筑、养护等。

目前常见模台有碳钢模台和不锈钢模台两种。通常采用 Q345 材质整版铺面，台面钢板厚度 10mm。

图 2-24　模台

模台尺寸一般为 9000mm×4000mm×310mm。表面平整度的要求是在任意 3000mm 长度内 ±1.5mm。模台承载力 $P>6.5kN/m^2$。

2. 模台辊道

模台辊道是实现模台沿生产线机械化行走的必要设备，如图 2-25 所示。模台辊道由两侧的辊轮组成。工作时，辊轮同向滚动，带动上面的模台向下一道工序的作业地点移动。模台辊道应能合理控制模台的运行速度，并保证模台运行时不偏离不颠簸。

图 2-25 模台辊道

3. 模具清扫机

当预制混凝土构件生产线移动模台上的混凝土构件强度达到要求时,会使用吊车将混凝土构件移走,移动模台运行到下一个工位循环使用。移动模台再次投入生产前,需要对移动模台上的残余附着物进行清理。模具清扫机是将脱模后的空模台上附着的混凝土清理干净。清扫机通过辊轮(可通过升降来调整清扫辊轮在模台上的压力)将模台上残留的混凝土颗粒进行清扫,然后由可延时的收尘器对粉尘进行吸收,在保证清扫效率的同时减少了模台上颗粒清扫带来的厂房扬尘。一个模台在完成前一轮生产之后,从清扫开始进入下一轮工作状态。

模具清扫机由清渣铲、横向刷辊、坚固的支撑架、除尘器、清渣斗和电气系统等组成,如图 2-26 所示。模具清扫机能将附着、散落在模具上的混凝土渣清理干净,并收集到清渣斗内。清渣铲能将附着的混凝土铲下,横向刷辊可以将底模上混凝土渣清扫。除尘器能将毛刷激起的扬尘吸入滤袋内,避免粉尘污染。其控制系统与喷涂脱模机装置一体化,可以减少操作人员。

图 2-26 模具清扫机

4. 画线机

画线机由生产数据线直接输入信息，按要求自动在模台上画出点和线，采用水墨喷墨方式快速而准确标出边模预埋件等位置，提高放置边模、预埋件的准确性和速度。画线机可通过控制系统进行图形输入，画线机定位后自动按照已输入图形进行画线操作，如图 2-27 所示。

图 2-27　数控画线机

5. 混凝土送料机

混凝土送料机是用于搅拌站出来的混凝土存放输送，通过在特定的轨道上行走，将混凝土运送到布料机中。其作用是将搅拌好的混凝土材料输送给布料机，如图 2-28 所示。

目前生产企业普遍应用的混凝土输送设备可通过手动、遥控和自动三种方式接受指令，按照指令以指定的速度移动或停止进行输送混凝土物料。

图 2-28　混凝土送料机（河北雪龙机械）

6. 混凝土布料机

混凝土布料机是把混凝土浇筑到已装好边模的托盘内，如图 2-29 所示。布料机根据制作预制构件强度等方面的需要，把混凝土均匀地浇洒在模板上边模构成的预制构件位置内。混凝土布料机可根据所需的自动化程度采用手动式或者自动化操作。

图 2-29　混凝土布料机

7. 混凝土振实台

混凝土振实台用于振捣完成布料后的周转平台，将其中混凝土振捣密实，如图 2-30 所示。作用是将布料机摊铺在台车上模具内的混凝土振捣，充分保证混凝土内部结构密实，从而达到设计强度。

混凝土振实台由固定台座、振动台面、减振提升装置、锁紧机构、液压系统和电气控制系统组成。固定台座和振动台座各有三组，前后依次布置，固定台座与振动台面之间装有减振提升装置，减振提升装置由空气弹簧和限位装置组成。周转平台放置于振动台上。振动台锁紧装置锁紧，将周转平台与振动台锁紧为一体，布料机在模具进行布料。布料完成后，振动台起升后再起振，将模具中混凝土振捣密实。

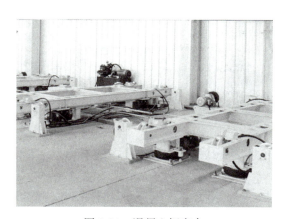

图 2-30　混凝土振实台

混凝土振实台使用时应注意：

（1）应将振实台安装在牢固的基础上，地脚螺栓应有足够强度并拧紧，同时在基础中间必须留有地下坑道，以便经常调整与维修。

（2）使用前要进行检查和试运转，检查机件是否完好，所有紧固件，特别是轴承座螺栓、偏心块螺栓、电动机和齿轮箱螺栓等，必须紧固牢靠。

（3）振动台不宜空载长时间运转。在生产作业中，必须安置牢固可靠的模板锁紧夹具，以保证模板和混凝土台面一起振动。

（4）齿轮箱中的齿轮因受高速重载荷，故应润滑和冷却良好；箱内油平应保持在规定的水平面上，工作时温升不得超过700℃。

（5）振动台所有轴承应经常检查并定期拆洗更换润滑脂，使轴承润滑良好，并应注意检查轴承温升，当有过热现象时应立即设法消除。

（6）电动机接地应良好可靠，电源线和线接头应绝缘良好，不得有破损漏电现象。

（7）振动台面应经常保持清洁平整，以便与钢模接触良好。台面在高频重载下振动，容易产生裂纹，必须注意检查，及时修补。每班作业完毕应清洗干净。

8. 养护窑

养护窑是将混凝土构件在养护窑中存放，经过静置、升温、恒温、降温等几个阶段使水泥构件凝固强度达到要求。

梁、柱等体积较大预制构件宜采用自然养护方法。楼板、墙板等较薄预制构件或冬期生产预制构件，宜采用蒸汽养护方式。在预制构件厂中常设置养护窑，如图2-31所示。混凝土养护可采用覆盖浇水和塑料薄膜覆盖的自然养护、化学保护膜养护和蒸汽养护办法。此设备用于PC板的静止养护，可以自动进板和出板，自动化程度很高，节省场地。养护窑围档：将养护窑保温板围住，确保PC件在一个密闭的空间内，并确保温度不散失。

预制构件采用加热养护时，应制定相应的养护制度，预养时间宜为1~3h，升温速率应为10~20℃/h，降温速度不应大于10℃/h；梁、柱等较厚预制构件养护温度为40℃；楼板、墙板等较薄构件，养护最高温度为60℃，持续养护时间应不小于4h。

图2-31　养护窑

9. 拉毛机

拉毛机是对叠合板构件新浇筑混凝土的上表面进行拉毛处理，以保证叠合板和后浇筑的地板混凝土较好地结合起来，如图2-32所示。待面层混凝土抗压强度达到35MPa后，由专业人员使用拉毛机进行拉毛刨切，拉毛机启动时要严格按照墨线行进，每分钟平均推进15m左右，不可过快或过慢，并随时留意刀头磨损程度，刨切深度控制在10m上下，刨切完毕立即清理，随刨随清，完成一道后进行下一道刨切。

图2-32　拉毛机

10. 脱模机

脱模机是待预制构件达到脱模强度后将其吊离模台所用的机械。脱模机应有框架式吊梁，起吊脱模时按照构件设计吊点进行起吊，并保证各吊点垂直受力，如图2-33所示。模板固定于托板保护结构上，可将水平板翻转85°～90°，便于制品竖直起吊。

图2-33　脱模机（河北雪龙机械）

构件蒸汽养护后，蒸养罩内外温差小于20℃时方可进行脱模作业。构件脱模应严格按照顺序拆除模具，不得使用振动方式拆模。构件拆模时，应仔细检查确认构件与模具之间的连接部分完全拆除后方可起吊；预制构件拆模起吊时，应根据设计要求或具体生产条件确定所需的混凝土标准立方体抗压强度，并应满足下列要求：

（1）脱模混凝土强度应不小于15MPa。
（2）外墙板、楼板等较薄预制构件起吊时，混凝土强度应不小于20MPa。
（3）梁、柱等较厚预制构件起吊时，混凝土强度不应小于30MPa。
（4）对于预应力预制构件及拆模后需要移动的预制构件，拆模时的混凝土立方体抗压强度应不小于混凝土设计强度的75%。

构件脱模时，不存在影响结构性能、钢筋、预埋件或者连接件锚固的局部破损和构件表面的非受力裂缝时，可用修补浆料进行表面修补后使用。构件脱模后，构件外装饰材料出现破损应进行修补。

2.2.2 预制构件运转设备

常见预制构件生产运转设备主要有立起机、堆码机、构件运转车等。

1. 立起机

立起机是将完成边模脱模工作的模台（含到达养护条件的PC构件）进行立起，配合行车将构件进行吊离储存。立起机通过两个液压油缸进行支撑，如图2-34所示。

图2-34 立起机（山东万斯达）

2. 堆码机

堆码机又名码垛机，如图2-35所示，以最小超速运行；节省人力、物力、堆码时间；堆码站可与堆码升降台和塑料链传送系统联合使用，实现高质量堆码，堆码过程还可以延续到输送车上；塑料链传送系统防止对堆码底层纸板造成损害。

堆码机的工作过程：平板上放置符合栈板要求的一层工件，平板及工件向前移动直至栈板垂直面。上方挡料杆下降，另三方定位挡杆起动夹紧，此时平板复位。各工件下降到栈板平面，栈板平面与平板底面相距10mm，栈板下降一个工件高度。往复上述直到栈板堆码达到设定要求。堆码机自动运行分为自动进箱、转箱、分排、成堆、移堆、提堆、进托、下堆、出垛等步骤。

图 2-35　堆码机

3. 构件运转车

构件转运车是构件由厂房转运至成品堆场的转运设备。通过使用构件转运车可以保证构件在运输过程中无意外损伤，保证构件质量。如图 2-36 所示为山东万斯达研发的构件转运车，可采用电瓶供电，并配备有充电桩，设备运行过程中检测到电量较低时自动返回充电桩进行充电。

图 2-36　构件转运车（山东万斯达）

2.2.3　起重设备

预制构件生产过程中需要起重设备、小型器具及其他设备，主要生产设备如表 2-8 所示。

表 2-8　主要生产设备

工作内容	器具、工具
起重	5～10t 起重机、钢丝绳、吊索、吊装带、卡环、起驳器等
运输	构件运输车、平板转运车、叉车、装载机等

续表

工作内容	器具、工具
清理打磨	角磨机、刮刀、手提垃圾桶等
混凝土施工	插入式振捣器、平板振捣器、料斗、木抹、铁抹、刮板、拉毛笆子、喷壶、温度计等
模板安装拆卸	电焊机、空压机、电锤、电钻、扳手、橡胶锤、磁铁固定器、专业磁铁撬棍、线绳、墨斗、滑石笔、划粉等

2.2.4 钢筋加工生产线

钢筋生产线主要负责外墙板、内墙板、叠合板及异形构件生产线的钢筋加工制作。钢筋成品、半成品类型主要有箍筋、拉筋、钢筋网片和钢筋桁架等。钢筋生产线主要分为原材料堆放区、钢筋加工区、半成品堆放区、成品堆放区、钢筋绑扎区等。钢筋加工生产线宜紧邻构件生产线、钢筋安装区布置。

预制构件厂配备的钢筋加工生产线都较为简单，设备种类也有限。目前常用加工设备有数控钢筋弯箍机、数控钢筋剪切生产线、数控钢筋弯曲中心、数控全自动钢筋桁架焊接生产线、柔性焊网生产线等。

1. 数控钢筋弯箍机

随着中国工业的发展，数控自动钢筋弯箍机的出现是顺应工业发展的需要，对于钢筋的需求增大，钢筋的形状的需求增多，数控自动钢筋弯箍机的出现解决了这个问题，钢筋弯箍机能将钢筋加工成各种形状，满足了工业的生产需求。钢筋弯箍机的应用在建筑业上非常广泛。因此许多的技术人员也在不断地更新设计更好的钢筋弯箍机，用以实现高效率的生产。

2. 数控钢筋调直机

数控钢筋调直机是自动连续地完成把圆形或带肋钢筋进行调直、定尺、切断加工成直条的设备，适用于建筑工程常用钢筋直条的自动加工。如图2-37所示。适合于调直剪切热轧和各种材质的线材。钢筋调直机可根据屏幕输入的数据自动定尺，自动切出规定长度的钢筋。切断的钢筋能自动对齐，省时省力，具有先进的储料设置，打包时无须停机；调直过程和输送机构采用数控系统控制，可无级调速；调直速度快，直度高，安全性高。

图 2-37 数控钢筋调直机（天津建科机械）

3. 钢筋桁架焊接机

钢筋桁架焊接机，实现了标准化、工厂化大规模生产，具有焊接质量稳定、钢筋分布均匀及产品尺寸精确等优势，采用钢筋桁架楼承板比其他压型钢板在综合造价上也是具有较大优势。钢筋桁架焊接成型机集盘条原料防线、钢筋矫直、弯曲成形、自动焊接、定尺切断及成品数控输送的全自动化生产线，如图 2-38 所示，广泛用于楼房建筑（预制楼承板）等领域。

图 2-38　钢筋桁架焊接机（天津建科机械）

2.2.5　模具

模具是专门用来生产预制构件的各种模板系统。可采用固定生产场地的固定模具，也可采用移动模具。预制构件生产模具主要以钢模为主，面板主材为 Q235 钢板，支撑结构可选用型钢或者钢板，如图 2-39 至图 2-41 所示为墙板模具、楼板模具和楼梯模具。对于形状复杂、数量少的构件也可采用木模板或其他材料制作。

图 2-39　墙板模具

预制构件生产过程中，模具设计的优劣决定了构件的质量、生产效率以及企业的成本，应引起重视。模具设计时需要遵循质量可靠、方便操作、通用性强、方便运输、注意使用寿命的原则。

图 2-40　楼板模具

模具应具有足够的承载能力、刚度和稳定性，保证构件生产时能可靠承受浇筑混凝土的质量、测压和工作荷载。模具应支、拆方便，且应便于钢筋安装和混凝土浇筑、养护。模具的部件与部件之间应连接牢固；预制构件上的预埋件应有可靠的固定措施。

图 2-41　楼梯模具

装配式混凝土预制构件制作与运输

[任务清单] 🔍

小组共同阅读理论知识，研讨、总结学习体会，完成以下考核任务清单。

考核任务清单

班级	姓名	学号
预制构件的常见生产设备有哪些？	主要包括模台、模台辊道、_____、_____、_____、_____、_____、_____、_____。	
预制构件制作中常见的起重工具有哪些？	主要包括_____、_____、_____、_____、_____、_____等。	
模具设计时需要遵循的原则是什么？	1. 2. 3. 4.	

76

[成绩考核]

自我评价及教师评价

任务名称				
姓名学号			班级组别	
序号	考核项目	分值	自我评定成绩	教师评定成绩
1	态度认真，思想意识高	10		
2	遵守纪律，积极完成小组任务	20		
3	能够独立完成任务清单	40		
4	能够按时完成课程练习	15		
5	书写规范、完整	15		

任务总结：

组长评价：

教师评价：

任务 2.3　预制构件生产制作准备

预制构件外墙板、内墙板、叠合板、楼梯、阳台等部品部件在车间进行工厂化生产，需要进行科学的生产组织。在生产制作之前，应根据建设单位提供的深化设计图纸、产品供应计划等组织技术人员对项目的生产工艺、生产方案、进厂计划、人员需求计划、物资采购计划、生产进度计划、模具设计、堆放场地、运输方式等内容进行策划，同时根据项目特点编制相关技术方案和具体保证措施，保证项目实施阶段顺利进行。

2.3.1　构件生产计划准备

预制构件的生产准备：一般是指生产过程开始前需编制生产计划，编制的质量高低直接影响客户满意度、生产效率。

预制构件生产计划编制：构件厂在接到订单后，要制定整个项目的物资需求计划和生产作业计划。物资需求计划包括原材料、辅助材料、生产工具、设备配件等所有物资用量，并预测月度物资需求，制定月度资金需求计划。同时要制定月度生产作业计划，安排生产进度，便于组织人力和设备以满足进度要求。

构件需求计划是由建设单位组织施工单位，根据项目实施进度的计划及安排，提前编制构件需求计划单。构件生产单位根据需求计划单编制详细的生产总计划，组织人员及设备进行构件生产。PC车间及技术部门配合物资部门确定模具制作方案，以书面形式向模具厂提出模具质量标准及要求。

人员需求计划：为实现生产既定目标，生产部门应根据生产任务总量、劳动生产效率、计划劳动定额和定员的标准来确定人员的需求量。

物资需求计划：计划部门根据生产计划总体要求，分别制定物资需求计划，包括材料名称、种类、规格型号、单位数量、交货期等内容，并及时跟踪材料的采购进度。

生产作业计划：总体生产作业计划制定分项分阶段作业计划，并定期检查计划完成情况，以满足交货要求。

对入厂材料、配件等质量证明文件和复检结果进行检查，也是预制构件结构性能免检的必要条件之一。预制构件厂的日常生产管理和控制手段，应包括下列内容：

（1）电子化办公：建立有线或无线宽带网络，形成设计、采购、生产、物流、安装、检验等二维码或无线射频管理识别系统；

（2）设备监控：混凝土搅拌站、布料机、养护窑等主要工艺，宜配置PLC控制装置；

（3）管理流程：材料准入、材料加工、工序交接、产品检验等应按管理岗位、制度和流程的动态控制进行预制构件制作的质量管理流程；

（4）实验仪器和设备：应按企业申请的资质等级建立实验室，并进行实质性的设备配置和员工岗位设置。

为实现施工现场零库存或者少库存，构件厂应和施工总承包单位制定预制构件生产、运输和构件施工协同计划。总承包单位应根据施工实际进度，及时调整预制构件进厂计划，构件厂应根据施工计划调整构件生产计划、运输和进厂计划。

构件制作前应审核预制构件深化设计图纸，并根据构件深化设计图纸进行模具设计，影响构件性能的变更修改应由原施工图设计单位确认。预制构件制作前，应根据构件特点编制生产方案，明确各阶段质量控制要点，具体内容包括：生产计划及生产工艺、模具计划及模具方案、技术质量控制措施、成品存放、保护及运输方案等内容。必要时应进行预制构件脱模、吊运、存放、翻转及运输等相关内容的承载力、裂缝和变形验算。

预制构件生产加工中的各种检测、试验、张拉、计量等设备及仪器仪表均应检定合格，并在有效期内使用。预制构件制作前，应对混凝土用原材料、钢筋、灌浆套筒、连接件、吊装件、预埋件、保温板等产品合格证（质量合格证明文件、规格、型号及性能检测报告等）进行检查，并按照相关标准进行复检试验，经检测合格后方可使用，试验报告应存档备案。

2.3.2 生产人员准备

面向装配式混凝土构件生产企业，在构件模具准备阶段、钢筋绑扎与预埋件预埋、构件浇筑、生产、施工、质量验收等岗位，根据技术规范与规程的要求，完成预制构件的生产与加工作业及技术管理等工作。

（1）模具准备阶段：对生产人员进行岗位培训，能进行技术图纸的识读，选择模具和组装工具，进行划线操作，能进行模具组装、校准，能进行模具清理及脱模剂涂刷，进行模具的清污、除锈、维护保养，进行工完料清操作。

（2）钢筋绑扎与预埋件预埋：对生产人员进行岗位培训，能操作钢筋加工设备进行钢筋下料、进行钢筋绑扎及固定、进行预埋件固定，并进行预留孔洞临时封堵、进行工完料清操作。

（3）构件浇筑：对生产人员进行岗位培训，能完成生产前准备工作、能进行布料操作、能进行振捣操作、能进行夹芯外墙板的保温材料布置和拉结件安装、能处理混凝土粗糙面和收光面、能进行工完料清操作。

（4）构件养护及脱模：对生产人员进行岗位培训，保证生产人员能完成生产前准备工作、能控制养护条件和状态监测、能进行养护窑构件出入库操作、能对养护设备保养及维修提出要求、能进行构件的脱模操作、能进行工完料清操作。

（5）构件存放及防护：对生产人员进行岗位培训，能完成生产前准备工作、能安装构件信息标识、能进行构件的直立及水平存放操作、能设置多层叠放构件间的垫块、能进行外露金属件的防腐和防锈操作、能进行工完料清操作。

2.3.3 技术准备

预制构件生产技术准备工作通常从选定产品方向、确定产品设计原则和进行技术设计开始，经过一系列生产技术工作，直至能合理高效地组织产品投产。

（1）图纸交底：预制构件生产前，应由建设单位组织设计、生产、施工单位进行设计图纸交底和会审，必要时，应根据批准的设计文件、拟定的生产工艺、运输方案、吊装方案等编制加工详图。

（2）生产方案编制：预制构件生产前应编制生产方案，生产方案宜包括生产计划和生产工艺，模具方案及计划，技术质量控制措施，成品存放、运输和保护方案等。

（3）质量管理方案：生产单位的检测、试验、张拉、计量等设备及仪器仪表均应检定合格，并应在有效期内使用。不具备试验能力的检验项目，应委托第三方检测机构进行试验；预制构件生产的质量检验应按模具、钢筋、混凝土、预应力、预制构件等检验进行。

（4）技术交底与培训：由工厂专业技术人员向参与生产的人员针对构件生产方案进行的技术性交待，其目的是使生产作用人员对构件特点、技术质量要求、生产方法与措施和安全等方面有一个较详细的了解，以便于科学地组织施工，避免技术质量等事故的发生。

（5）各工序技术准备：针对生产作业中模具、钢筋、混凝土、脱模与吊装、洗水、修补及养护的作业条件、技术要求进行详细介绍。

2.3.4 材料准备

原材准备：预制构件原材主要包括钢筋、水泥、粗细骨料、外加剂、钢材、套筒、预埋件、拉结件和混凝土等。用于构件制作和施工安装的建材和配件应符合相关的材质、测试和验收等规定，同时也应符合国家、行业和地方有关标准的规定。

（1）水泥质量检验：水泥进厂前要求供应商出具水泥出厂合格证和质保单，对其品种、级别、包装或散装仓号、出厂日期等进行检查，并按照批次对其强度（ISO 胶砂法）、安定性、凝结时间等性能进行复检。

（2）细骨料质量检验：使用前对砂的含水、含泥量进行检验，并用筛选分析试验对其颗粒级配及细度模数进行检验，不得使用海砂。

（3）粗骨料质量检验：使用前要对石子含水、含泥量进行检验，并用筛选分析试验对其颗粒级配进行检验，其质量应符合现行行业标准《普通混凝土用砂、石质量及检验方法标准》JGJ 52—2006 的相应规定。

（4）减水剂品种应通过试验室进行试配后确定，进厂前要求供应商出具合格证和质保单等。减水剂产品应均匀、稳定，定期选测下列项目：固体含量或含水量、pH 值、比重、密度、松散容重、表面张力、起泡性、氯化物含量。

（5）钢材质量检验：钢材进厂前要求供应商出具合格证和质保单，按照批次对其抗拉伸强度、延伸率、比重、尺寸、外观等进行检验，其指标应符合现行国家标准《预应力混凝土用螺纹钢筋》GB/T 20065—2016、《钢筋混凝土用钢 第 2 部分：热轧带肋钢筋》GB/T 1499.2—2024 等标准中的规定。

（6）预埋件质量检验：预制构件制作前，应依据设计要求和混凝土工作性要求进行混凝土配合比设计。必要时，在预制构件生产前应进行样品试制，经设计和监理认可后方可实施。构件制作前应进行技术交底和专业技术操作技能培训。如表 2-9 所示为预埋件制作质量标准验收记录。

表 2-9　预埋件制作质量标准验收记录

单位（子单位）工程名称				××××××			
施工单位				×××××力有限公司		项目经理	×××
施工执行标准名称及编号				电力建设施工质量验收及评定规程第 1 部分土建工程 DL/T5210.1—2005		专业工长（施工员）	×××
分包单位				—	分包项目经理　—	施工班组长	×××
施工质量验收规范的规定						施工单位自检记录	监理（建设）单位验收记录
主控项目	1	焊工技能☆		从事钢筋焊接施工的焊工必须持有焊工考试合格证，才能上岗操作			
	2	钢材品种和质量☆		符合设计要求和现行有关标准的规定		见钢筋隐蔽工程	
	3	焊条、焊剂的品种、性能、牌号☆		符合设计要求和现行有关标准的规定		符合要求	
	4	钢筋级别☆		必须符合设计要求和现行有关标准的规定		符合要求	
	5	焊前试焊☆		模拟施工条件试焊必须合格		合格	
	6	钢筋焊接接头的机械性能☆		符合 JGJ 18 的规定		符合设计要求和现行有关标准的规定	
	7	预埋件的型号		符合设计要求和现行有关标准规定		符合设计要求和现行有关标准的规定	
	8	外观质量		表面应无焊痕、明显凹陷和损伤		符合设计要求和现行有关标准的规定	
	9	埋弧压力焊	钢筋相对钢板的角度偏差	≤ 3°		1°	
			钢筋间距偏差	±10		5	
	10	手工电弧焊	焊脚尺寸	Ⅰ级钢筋	贴脚焊缝不小于 0.5 倍钢筋直径	0.5mm	
				Ⅱ级钢筋	贴脚焊缝不小于 0.6 倍钢筋直径	0.6mm	
			气孔或夹渣	数量	≤ 3	1	
				直径	≤ 1.5	1.1mm	
一般项目	1	平整偏差		≤ 3 或（2）[a]		1mm	
	2	型钢埋件挠曲		不大于 1/1000 型钢埋件长度，且不大于 5mm			
	3	预埋件尺寸偏差		+10～-5	mm		
	4	螺杆及螺纹长度偏差		+10～0	mm		
	5	预埋管的椭圆度		不大于 1% 预埋管直径			

（7）混凝土质量检验：预制构件制作前对混凝土配合比设计应符合现行行业标准《普通混凝土配合比设计规程》JGJ 55—2011 的相关规定和设计要求。混凝土坍落度检验应根据预制构件的结构断面、钢筋含量、运输距离、浇筑方法、运输方式、振捣能力和气候条件等选定，在选定配合比时综合考虑，以采用较小的坍落度为宜，同时，对于混凝土的强度进行检验。若是遇到原材料的产地或品质发生显著变化时或混凝土质量产生异常时，应对混凝土配合比重新设计并检验。

2.3.5　安全技术交底

为进一步加强预制构件厂的安全管理，确保施工人员的人身安全，切实推进标准化工地和文明施工建设，进行预制构件加工必须要对技术人员和施工人员进行安全技术交底。

1. 施工现场一般安全要求

7.6S 工作管理法

新入场的操作人员必须经过三级安全教育，考核合格后，才能上岗作业；特种作业和特种设备作业人员必须经过专门的培训，考核合格并取得操作证后才能上岗。

全体人员必须接受安全技术交底，并清楚其内容，施工中严格按照安全技术交底作业。

按要求使用劳保用品；进入施工现场，必须戴好安全帽，扣好帽带。

施工现场禁止穿拖鞋、高跟鞋和易滑、带钉的鞋，杜绝赤脚、赤膊作业，不准疲劳作业、带病作业和酒后作业。

工作时要思想集中，坚守岗位，遵守劳动纪律，不准在现场随意乱跑。

不准擅自拆除施工现场的防护设施、安全标志、警告牌等，需要拆除时，必须经过施工负责人同意。

不准破坏现场的供电设施和消防设施，不准私拉乱接电线和私自动用明火。

预制厂内应保持场地整洁，道路通畅，材料区、加工区、成品区布局合理，机具、材料、成品分类分区摆放整齐。

进入施工现场必须遵守施工现场安全管理制度，严禁违章指挥、违章作业；做到三不伤害：不伤害自己，不伤害他人，不被他人伤害。在危险场所或区域的醒目易见处挂设各类警示牌、指示牌及安全宣传牌。

施工便道与既有道路相交的路口两侧设置安全警示牌、减速牌，路面设置减速带。

各类垃圾及掉在脚手架上的废渣、木条等均应由专人清理，防止遇风坠落或踢落伤人。

在台车及宿舍区、木工棚、食堂均应设置灭火器，并按要求配备，组织专人定期检查。

机械设备均有人进行例行保养，下班关掉闸，关机并装上防护措施。

2. 构件加工注意事项

（1）钢筋加工

钢筋加工场地面平整，道路通畅，机具设备和电源布置合理。

采用机械方式进行钢筋的除锈、调直、断料和弯曲等加工时，机械传动装置要设防护罩，并由专人使用和保管。

钢筋焊接人员需佩戴防护罩、鞋盖、手套和工作帽，防止眼伤和皮肤灼伤。电焊机的电源部分要有保护，避免操作不慎使钢筋和电源接触，发生触电事故。

钢筋调直机要固定，手与飞轮要保持安全距离；调至钢筋末端时，要防止甩动和弹起伤人。

钢筋切断机操作时，不准将两手分在刀片两侧俯身送料。不准切断直径超过机械规定的钢筋。

钢筋弯曲机弯制钢筋时，工作台要安装牢固；被弯曲钢筋的直径不准超过弯曲机规定的允许值。弯曲钢筋的旋转半径内和机身没有设置固定锁子的一侧，严禁站人。

钢筋电机等加工设备要妥善进行保护接地或接零。各类钢筋加工机械使用前要严格检查，其电源线不要有损破、老化等现象，其自身附带的开关必须安装牢固，动作灵敏可靠。

搬运钢筋要注意附近有无人员、障碍物、架空电线和其他电器设备，防止碰人撞物或发生触电事故。

（2）混凝土施工

混凝土运输车进入预制厂时应鸣笛示警，浇筑人员应指挥车辆驶入浇筑区。混凝土罐车在厂内行走时，应走固定的通道，并由专人指挥。

施工人员要严格遵守操作规程，振捣设备使用前要严格检查，其电源线不要有损破、老化等现象，其自身附带的开关必须安装牢固，动作灵敏可靠。电源插头、插座要完好无损。

混凝土振捣时，操作人员必须戴绝缘手套，穿绝缘鞋，防止触电。作业转移时，电机电缆线要保持足够的长度和高度，严禁用电缆线拖、拉振捣器；更不能在钢筋和其他锐利物上拖拉，防止割破拉断电线而造成触电伤亡事故。振捣工必须懂得振捣器的安全知识和使用方法，保养、作业后及时清洁设备。插入式振捣器要2人操作，1人控制振捣器，1人控制电机及开关，棒管弯曲半径不准小于50cm，且不能多于2个弯，振捣棒自然插入、拔出，不能硬插、拔或推，不要蛮碰钢筋或模板等硬物，不能用棒体拨钢筋等。

浇筑混凝土过程中，密切关注模板变化，出现异常停止浇筑并及时处理。

3. 施工用电、消防安全要求

安装、维修、拆除临时用电工程，必须由电工完成，电工必须持证上岗，实行定期检查制度，并做好检查记录。

配电箱、开关箱必须有门、有锁、有防雨措施。配电箱内多路配电要有标记，必须坚持一机一闸用电，并采用两级漏电保护装置；配电箱、开关箱必须安装牢固，电具齐全完好，注意防潮。

电动工具使用前要严格检查，其电源线不要有损破、老化等现象，其自身附带的开关必须安装牢固，动作灵敏可靠。电源插头、插座要符合相应的国家标准。

电动工具所带的软电缆或软线不允许随意拆除或接长；插头不能任意拆除、更换。当不能满足作业距离时，要采用移动式电箱解决，避免接长电缆带来的事故隐患。

现场照明电线绝缘良好，不准随易拖拉。照明灯具的金属外壳必须接零，室外照明灯具距地面不低于3m。夜间施工灯光要充足，不准把灯具挂在竖起的钢筋上或其他金属构件上，确保符合安全用电要求。

易燃场所要设警示牌，严禁将火种带入易燃区。加工场地、生活区必须设置灭火器、灭火桶、专用铁锹，同时堆放灭火砂。连续梁施工区要配备灭火器和高压水泵等消防器材。消防器材要设置在明显和便于取用的地点，周围不准堆放物品和杂物。消防设施、器材要当由专人管理，负责检查、维修、保养、更换和添置，保证完好有效，严禁圈占、埋压和挪用。

施工现场的焊割作业必须符合防火要求，并严格执行"1211"规定——1支焊枪、2名施工人员（1人施焊、1人防护）、1个灭火器、1个水盆（接焊渣用）。

发现燃烧起火时，要注意判明起火的部位和燃烧的物质，保持镇定，迅速扑救，同时向领导报告和向消防队报警。扑救时要根据不同的起火物质，采用正确有效的灭火方法，如断开电源、撤离周围易燃易爆物质和贵重物品，根据现场情况，机动、灵活、正确地选择灭火用具等。

4. 文明施工要求

根据标准化管理要求，合理布置各种文明施工和安全施工标识标牌，如图2-42所示，并采取有效措施防止损坏。

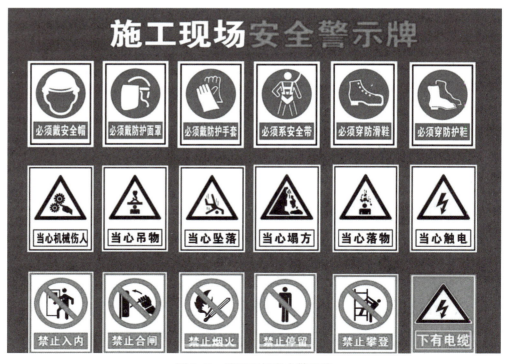

图2-42 施工现场安全警示牌

现场布局合理，材料、物品、机具堆放符合要求，堆放要有条理。剩余的混凝土拌合物要定点放置，可用于处理或硬化施工场地、便道，严禁随意丢弃。

施工中要注意环境保护，钢筋废料要集中堆放。

施工机械车辆要行走施工便道，不可任意行驶，便道要经常洒水降尘。施工期间，及时对施工机械车辆道路进行维修，确保晴雨畅通，保证施工顺利进行。

保护施工区和生活区的环境卫生，定期清除垃圾、清扫处理，集运至当地环保部门指定的地点掩埋或焚烧处理。

5. 安全操作规程

预制构件制作前，应期召开安全会议，由安全负责人对所有生产人员进行安全教育，安全交底。严格执行各项安全技术措施，施工人员进入现场应戴好安全帽，按时发放和正确使用各种有关作业特点的个人劳动防护用品。

施工用电应严格按有关规程、规范实施，现场电源线应采用预埋电缆，装置固定的配电盘，随时对漏电及杂散电源进行监测，所有用电设备配置触漏电保护器正确设置接地；生活用电线路架设规范有序。

大型机械作业，对机械停放地点、行走路线、电源架设等均应制定施工措施，大型设备通过工作地点的场地，使其具有足够的承载力。各种机械设备的操作人员应经过相应部门组织的安全技术操作规程培训合格后持有效证件上岗。机械操作人员工作前，应对所使用的机械设备进行安全检查，严禁设备带病使用、带病工作。机械设备运行时，应设专人指挥，负责安全工作。

装配式混凝土预制构件制作与运输

[任务清单] 🔍

小组共同阅读理论知识，研讨、总结学习体会，完成以下考核任务清单。

考核任务清单

班级	姓名	学号
预制构件生产计划如何进行编制？		
预制构件生产制作准备有哪几部分？	主要包括构件生产计划准备、_____、_____、 _____、_____。	
预埋件制作质量标准验收主控项目包括哪些内容？	主要包括构件焊工技能、_____、_____、_____、 _____、_____、_____、_____、 _____、_____。	

项目 2 装配式混凝土预制构件的制作

[成绩考核]

自我评价及教师评价

任务名称				
姓名学号			班级组别	
序号	考核项目	分值	自我评定成绩	教师评定成绩
1	态度认真，思想意识高	10		
2	遵守纪律，积极完成小组任务	20		
3	能够独立完成任务清单	40		
4	能够按时完成课程练习	15		
5	书写规范、完整	15		

任务总结：

组长评价：

教师评价：

87

任务 2.4　预制构件制作工艺流程

预制构件的生产工艺一般有固定台座法和自动化流水线制作两大类。预制构件生产企业通常根据市场需求规模、产品类型、运输距离、经济效益等因素，结合自身生产条件，选择一种或多种方法来组织生产，最终达到保证构件的品质质量和提升经济效益的目的。

2.4.1　固定台座法

8. 装配式混凝土预制构件制作流程

固定台座法一般包括固定模台工艺、立模工艺和预应力工艺等，以下就固定模台工艺和立模工艺做简要介绍。

1. 固定模台工艺

固定模台是混凝土制品在固定台座上进行的一种工艺方法，如图 2-43 所示。固定模台也被称为平模工艺。固定模台是指模具位置固定，作业人员和钢筋、混凝土等材料在各个固定模台间"流动"。放置钢筋与预埋件、浇筑振捣混凝土、养护构件和拆模都在固定模台上进行，再用吊车送到存放区。台座两侧和下部设置有蒸汽管道，混凝土制品在台座上成型后，覆盖保温罩，通入蒸汽进行养护。

图 2-43　固定模台生产线

固定模台工艺是一种传统的制造预制构件的方法，也是目前世界 PC 构件制作领域应用最广的工艺，可制作各种标准化构件和一些工艺复杂的异形构件，常见的预制构件都可以生产，例如预制柱、梁、楼板、墙板、楼梯、飘窗、阳台板、转角构件及后张法预应力构件等。它的最大优势是适用范围广，通用性强，启动资金少，加工工艺灵活，劣势是效率较低。

20世纪著名的建筑——悉尼歌剧院是装配式建筑的代表作之一,如图2-44所示。约翰·伍重设计的曲面造型以当时的技术靠现浇很难实现,只有采用装配式技术才能解决施工难题。曲面薄壳是装配式叠合板,外围护墙体是装饰一体化外挂墙板,均采用了固定模台工艺进行生产。

图2-44　悉尼歌剧院

图2-45是著名建筑师马岩松设计的哈尔滨大剧院,建筑表皮是非线性铝板,局部采用清水混凝土外挂墙板。这些外挂墙板有些是曲面的,有些是双曲面的,而且曲率不一样,如图2-46所示。这些墙板在工厂预制可以准确地实现形状和质感要求。实际制作过程是将参数化设计图纸输入数控机床,由数控机床在聚苯乙烯板上刻出精确的曲面板模具,再在模具表面抹浆料刮平抹光,而后放置钢筋,浇筑制作曲面板。

图2-45　哈尔滨大剧院

图 2-46　哈尔滨大剧院曲面清水混凝土墙板

总结固定模台工艺生产技术的特点如下：

（1）模台和模具固定不动，作业人员、设备、钢筋、混凝土、预埋件等围绕模台运转。

（2）生产规模与模台数量成正比关系，需求的产量越高，模台数量就越多，需求厂房面积也越大。

（3）灌浆套筒安装、预埋件等附件安装、门窗框安装、混凝土浇筑、蒸养、脱模等工序就地作业。

（4）混凝土浇筑多采用振捣棒振捣作业，浇筑面人工抹平，因此对工人技能有一定要求。

（5）每个模台配有蒸汽管道，构件可按需逐件蒸养，蒸养作业较为分散和烦琐，导致成本较高。

2. 立模工艺

立模工艺是指构件在板面竖立状态下成型密实，与板面接触的模板面相应也呈竖立状态放置的板型构件生产工艺。

立模通常成组使用，称为组合立模，如图 2-47 所示。组合立模是将立式模板进行成组化处理之后而形成的一种生产用装备，特别适用于生产建筑板材尤其是建筑墙板。组合立模灵活程度不如固定模台工艺。固定模台可以自由拼装，方便地改变构件成型形状，生产出各类异形墙板。组合立模更适合于规模化生产相对标准化的高品质产品。成组立模法生产技术的特点如下。

（1）成型精度高。组合立模采用的是模腔双面成型原理，生产的墙板几何精度尤其是表面平整度和厚度精度是其他工艺所无法比拟的。

（2）成型墙板使用材料范围宽泛。立模的模腔成型方式，使其具有广泛的材料适用性和灵活的产品工艺加工性，水泥基、石膏基、菱镁基等材料均可使用，且对材料的流动度、坍落度要求不高，工艺性好，便于质量控制和工业化生产。

（3）结构紧凑，节省空间。成组立模的成型模腔采用直立的集约式安装形式，单位面积的有效生产效率高，因此占地面积小，节省空间，这也是成组立模最大的优势。

图 2-47 组合立模

组合立模可生产的墙板类型丰富，如加筋墙板、加网墙板、布置预埋件墙板、夹芯复合墙板等，立模工艺适用于无装饰面层、无门窗洞口的墙板、清水混凝土柱子和楼梯等的生产。立模不适合楼板、梁、夹芯保温板、装饰一体化板的制作；侧边出筋复杂的剪力墙板也不大适合；柱子也仅限于要求四面光洁的柱子。

2.4.2 自动化生产线工艺

自动化生产线工艺就是高度自动化的流水线工艺。预制构件自动化生产线是指按生产工艺流程分为若干工位的环形流水线，工艺设备和工人固定，材料和模具按流水线移动，使预制构件依靠专业自动化设备实现有序生产。采用自动化生产线能提高劳动生产率，稳定和提高产品质量，改善劳动条件，缩短生产周期，适用于大批量标准化构件的生产，有显著的经济效益。

自动化流水线工艺分为全自动化流水线工艺和半自动化流水线工艺两种。

全自动化流水线工艺由混凝土成型流水线设备和自动钢筋加工流水线设备两部分组成。通过工厂计算机中央控制中心控制，将两部分设备衔接起来实现全工序自动化。

全自动化流水线从图样输入、模台清理、画线、组模、脱模剂喷涂、钢筋加工、钢筋入模、混凝土浇筑、振捣、拉毛或抹平、养护、翻转脱模等全程都由机械手自动完成。采用高精度、高结构强度的成型模具，经自动布料系统把混凝土浇筑其中，在振动工位振捣后送入立体养护窑进行蒸汽养护。构件强度达到拆模强度时，从养护窑取出，模台进至脱模工位进行脱模处理。脱模后的构件经运输平台运至堆放场继续进行自然养护。空模台沿线自动返回，为下一道生产工序做准备。在模台返回输送线上设置了自动清理机、画线机，放置钢筋骨架或是桁架筋安装、检测等工位，实现自动化控制、循环流水作业。全自动生产流水线只有在构件标准化、规格化、专业化、单一化和数量大的情况下，才能实现自动化和智能化。

与全自动化流水线工艺相比，半自动化流水线工艺仅包括混凝土成型流水线设备，也就是说，钢筋加工、模具组装、放置保温材料、安放拉结件等工序需要人工操作。

作为我国建筑行业创新型企业代表——北京市住宅产业化集团，早在 2016

年就进入了装配式领域,是全国首家具有完整装配式全产业链资质体系的单体法人企业。如图 2-48 所示为北京市住宅产业化集团装配式建筑构件自动化生产流水线。

图 2-48　北京市住宅产业化集团装配式建筑构件自动化生产流水线

以外墙板为例,以下介绍三明治预制混凝土外墙板生产的各道工序。如图 2-49 所示为三明治外墙板。

9. 装配式墙板施工

图 2-49　三明治外墙板

1. 清理模台

清扫机将台面上零星混凝土碎块、砂浆等杂物自动清扫进废料收集斗，辊刷进行模台表面光洁度的刷洗处理，清扫过程中产生的粉尘被收集到除尘器。如果模台通过清扫机清扫后的效果不佳，需人工进行二次清除。

2. 画线

模台运行至画线工位，画线机识别读取数据库内输入的构件加工图和生产数量，在模台面进行单个或多个构件的模板边线、预埋件安装位置的画线。也可人工画线，根据预制构件的生产数量、构件的几何尺寸，人工在模台面上绘制定位轴线，进而绘制出每个构件的内、外侧模板线。如图 2-50 所示为构件数控划线机。

图 2-50　PC 构件数控画线机

3. 组装内叶板模板、安装内叶板钢筋笼

喷涂画线工作结束后，模台输送到内叶板组模和钢筋安装工位，如图 2-51 所示。

清理干净内叶模板后，工人按照已画好的组装边线，进行内叶板模板的安装。将绑扎好的内叶板钢筋网笼吊入模板，并安装好垫块。

图 2-51　组模、组钢筋笼

4. 安装预埋件

安装灌浆套筒、浆锚搭接管、构件吊点、电线盒、穿线管等各种预埋件和预留工装，如图 2-52 所示。

图 2-52　预埋件安装

5. 一次浇筑、振捣内叶板混凝土

模台运行至一次混凝土浇筑工位，抬升模台并锁定在振动台上，根据构件混凝土厚度、混凝土方量调整振动频率和时间，确保混凝土振捣密实。

6. 组装外叶板模板、安装保温板

将保温板逐块在外叶模板内安放铺装，使保温板与混凝土面充分接触，保温板整体表面平整。保温板安装如图 2-53 所示。

图 2-53　保温板安装

7. 安装连接件和外叶板钢筋

必须按照设计图纸进行连接件布置安装，且经过受力验算合格。保温连接件如图 2-54 所示。

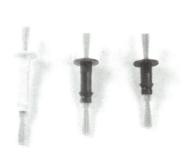

图 2-54　保温连接件

8. 二次浇筑、刮平振捣外叶板混凝土

在二次浇筑工位浇筑混凝土时，人工辅助整平，使混凝土的高度高于模板。进入振捣刮平工位后，振捣刮平梁对混凝土表面边振捣边刮平，直到混凝土表面出浆平整为止。根据外叶板混凝土的厚度，调整振捣刮平梁的振频，确保混凝土振捣密实。可局部人工再次刮平修整。

9. 构件预养护、板面抹光

构件进入预养护窑内，对构件混凝土进行短时间的养护。

在预养窑内的 PC 构件完成初凝，达到一定强度后，出预养窑，进入抹光工位。抹光机对构件外叶板面层进行搓平抹光。如果构件表面平整度、光洁度不符合规范要求，要再次作业。

10. 构件养护、拆模、起运、修补

养护、拆模结束后构件如有破损要进行适当修补，然后运至厂区指定位置堆放。

[任务清单]

小组共同阅读理论知识，研讨、总结学习体会，完成以下考核任务清单。

考核任务清单

班级	姓名	学号

一、填空题

1. 预制构件的生产工艺一般分为（   ）和（   ）两大类。
2. 固定台座法一般包括（   ）工艺、（   ）工艺和预应力工艺等。
3. 固定模台工艺也被称为（   ）工艺。
4. 固定模台工艺是目前世界 PC 制作领域应用最广的工艺，常见的预制构件都可以生产，例如
（   ）、（   ）、（   ）、（   ）及后张法预应力构件等各式构件。

二、简答题

1. 什么是固定模台生产工艺？

2. 简述预制构件自动化生产线的概念和特点。

3. 图片中展示的为哪种预制构件的生产工艺？与其他成型工艺相比，其生产技术的特点请列举 2～3 项。

项目2　装配式混凝土预制构件的制作

[成绩考核] 🔍

自我评价及教师评价

任务名称				
姓名学号			班级组别	
序号	考核项目	分值	自我评定成绩	教师评定成绩
1	态度认真，思想意识高	10		
2	遵守纪律，积极完成小组任务	20		
3	能够独立完成任务清单	40		
4	能够按时完成课程练习	15		
5	书写规范、完整	15		

任务总结：

组长评价：

教师评价：　　　　　　　　　　评价时间：

97

任务 2.5　钢筋与预埋件施工

2.5.1　预制构件钢筋加工工艺流程

1. 钢筋加工

10. 钢筋调直与剪切

11. 钢筋的折弯加工

钢筋加工工艺流程包括：钢筋除锈—钢筋调直—钢筋切断—钢筋弯曲成型，如果有需要的话，还需要进行钢筋连接。

（1）钢筋除锈

一是在钢筋冷拉或钢丝调直过程中除锈，这对大量钢筋的除锈较为经济省力；二是用机械方法除锈，如采用电动除锈机除锈，这对钢筋的局部除锈较为方便。此外，还可采用手工除锈（用钢丝刷、砂盘）、喷砂和酸洗除锈等。

（2）钢筋调直

采用钢筋调直机调直冷拔钢丝和细钢筋时，要根据钢筋的直径选用调直模和传送压辊，并要正确掌握调直模的偏移量和压辊的压紧程度。如图 2-55 所示为钢筋调直机。

（3）钢筋切断

将同规格钢筋根据不同长度长短搭配，统筹排料；一般应先断长料，后断短料，减少短头，减少损耗。如图 2-56 所示为钢筋切断机。

图 2-55　钢筋调直机

图 2-56　钢筋切断机

（4）钢筋弯曲成型

弯曲成型是将钢筋直料弯制成配料表上要求的形状和尺寸。

钢筋宜采用自动化机械设备加工，使用自动化机械设备进行钢筋加工与制作，可减少钢筋损耗且有利于质量控制。自动化机械设备进行钢筋调直、切割和弯折，其性能应符合现行行业标准《混凝土结构用成型钢筋制品》GB/T 29733—2013 的有关规定，并应符合现行国家标准《混凝土结构工程施工规范》GB 50666—2011 的有关规定。如图 2-57 和图 2-58 所示为钢筋全自动弯箍机和桁架筋自动加工设备。

图 2-57　钢筋全自动弯箍机

图 2-58　桁架筋自动加工设备

（5）钢筋连接

钢筋连接是指对长度不够的钢筋进行连接使其长度达到要求。常见的钢筋连接方式有绑扎连接、焊接及机械连接等，如图 2-59～图 2-61 所示。

图 2-59　钢筋绑扎连接

图 2-60 钢筋焊接连接

图 2-61 钢筋机械连接

钢筋连接质量好坏关系到结构安全，在施工过程中应重点检查。钢筋连接除应符合现行国家标准《混凝土结构工程施工规范》GB 50666—2011 的有关规定外，尚应符合下列规定：

1）钢筋接头的方式、位置、同一截面受力钢筋的接头百分率、钢筋的搭接长度及锚固长度等应符合设计要求或国家现行有关标准的规定；

2）钢筋焊接接头、机械连接接头和套筒灌浆连接接头均应进行工艺检验，检验结果合格后方可进行预制构件生产；

3）钢筋焊接接头和机械连接接头应全数检查外观质量；

4）钢筋螺纹接头以及半灌浆套筒连接接头机械连接端安装时，可根据安装需要采用管钳、扭力扳手等工具，安装后应使用专用扭力扳手校核拧紧力矩。安装用扭力扳手和校核用扭力扳手应区分使用，二者的精度、校准要求均有所不同；

5）焊接接头、钢筋机械连接接头、钢筋套筒灌浆连接接头力学性能应符合现行行业标准《钢筋焊接及验收规程》JGJ 18—2012、《钢筋机械连接技术规程》JGJ 107—2016 和《钢筋套筒灌浆连接应用技术规程》JGJ 355—2015（2023 年版）的有关规定。

2. 钢筋绑扎

（1）钢筋绑扎准备工作包括：

1）核对成品钢筋的钢号、直径、形状、尺寸和数量等是否与料单料牌相符。如有错漏，应纠正增补。

2）准备绑扎用的铁丝、绑扎工具（如钢筋钩、带扳口的小撬棍）、绑扎架等。钢筋绑扎用的铁丝，可采用20～22号铁丝，其中22号铁丝只用于绑扎直径12mm以下的钢筋。

3）准备控制混凝土保护层用的水泥砂浆垫块或塑料卡。水泥砂浆垫块的厚度应等于保护层厚度。塑料卡的形状有两种：塑料垫块和塑料环圈，如图2-62所示。塑料垫块用于水平构件（如梁、板）；塑料环圈用于垂直构件（如柱、墙）。

（a）塑料垫块　　　　　　　（b）塑料环圈

图2-62　塑料卡

4）画出钢筋位置线。

5）绑扎形式复杂的结构部位时，应先研究逐根钢筋穿插就位的顺序。

（2）钢筋绑扎应符合下列规定：

1）钢筋的绑扎搭接接头应在接头中心和两端用铁丝扎牢；

2）墙、柱、梁钢筋骨架中各竖向面钢筋网交叉点应全数绑扎；板上部钢筋网的交叉点应全数绑扎，底部钢筋网除边缘部分外可间隔交错扎牢；

3）梁、柱的箍筋弯钩及焊接封闭箍筋的焊点应沿纵向受力钢筋方向错开设置；

4）构造柱纵向钢筋宜与称重结构同步绑扎；

5）梁及柱中箍筋、墙中水平分布钢筋、板中钢筋距构件边缘的起始距离宜为50mm。

12. 钢筋的绑扎

3. 预制构件钢筋绑扎要点

（1）剪力墙钢筋绑扎要点

1）先立2～4根竖筋，将竖筋与下层伸出的搭接筋绑扎，在竖筋上画好水平筋分档标志，在下部及上部绑扎两根水平筋定位，并在水平筋上画好竖筋分档标志，接着绑扎其余竖筋，最后绑扎其余水平筋。水平筋在竖筋里面或外面应符合设计要求。钢筋的弯钩应朝向混凝土内。

2）剪力墙钢筋应逐点绑扎，双排钢筋之间应绑扎拉筋或支撑筋，其纵横间距不大于600mm，钢筋外皮绑扎垫块或用塑料卡。

3）剪力墙与框架柱连接处，剪力墙的水平筋应锚固到框架柱内，其锚固长度要符合设计要求。

4）剪力墙水平筋在两端头、转角、十字节点、连梁等部位的锚固长度以及洞口周围加固筋等，均应符合设计及抗震要求。

5）浇筑混凝土过程中应有工作人员进行检查和修整，确保竖筋位置正确。

（2）叠合板钢筋绑扎要点

叠合板的四周两行钢筋交叉点应每点绑扎牢固。外露钢筋长度应符合规范要求，中间部分交叉点可相隔交错扎牢，但必须保证受力钢筋不位移。双向主筋的钢筋网则需将全部钢筋相交点扎牢。相邻绑扎点的钢丝扣成八字形，以免网片歪斜变形。大底板采用双层钢筋网时，在上层钢筋网下面应设置钢筋撑脚或混凝土撑脚，以保证钢筋位置正确，钢筋撑脚下应垫在下层钢筋网上。

（3）楼梯钢筋绑扎要点

1）在楼梯支好的底模上，弹上主筋和分布筋的位置线。根据设计图纸主筋、分布筋的排列，先绑扎主筋后绑扎分布筋，每个交叉点均应绑扎，相邻绑扎点的绑丝扣要呈八字形，以免网片变形歪斜。如有楼梯梁，先绑扎梁筋再绑扎板筋，板筋要锚固到梁内。

2）底板钢筋绑扎完，待踏步模板支好后，再绑扎踏步钢筋并垫好砂浆块。

3）主筋接头数量和位置均应符合设计要求和施工验收规范的规定。

2.5.2 预制构件钢筋、预埋件入模安装

1. 钢筋入模

钢筋入模的方式有钢筋骨架整体入模和钢筋半成品模具内绑扎。钢筋半成品模具内绑扎会延长工艺流程时间，所以如果生产条件允许的话，应尽量采用钢筋骨架整体入模的方式。

（1）钢筋骨架整体入模操作规程

1）钢筋骨架应绑扎牢固，防止吊运入模时变形或散架。

2）钢筋骨架整体吊运时，宜采用吊架多点水平吊运，如图2-63所示，避免单点斜拉导致骨架变形。

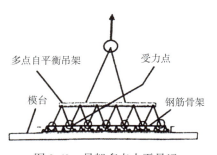

图2-63 吊架多点水平吊运

3）钢筋骨架吊运至工位上方，宜平稳、缓慢下降至距模具最高处300~500mm处。如图2-64所示为柱钢筋骨架四点吊。

4）2名工人扶稳钢筋骨架并调整好方向后，缓慢下降吊钩，使钢筋骨架落入模具内，如图 2-65 所示。

5）撤去吊具后，根据需要对钢筋骨架位置进行微调。

6）在模具内绑扎必要的辅筋、加强筋等。

图 2-64　柱钢筋骨架四点吊（带辅助底模）

图 2-65　钢筋整体入模

（2）钢筋半成品模具内绑扎操作规程

1）将需要的钢筋半成品运送至作业工位，如图 2-66 所示。

2）在主筋或纵筋上测量并标示分布筋、箍筋位置。

3）根据预制构件配筋图，将半成品钢筋按顺序排布于模具内，确保各类钢筋位置正确。

4）2名工人在模具两侧根据主筋或纵筋上的标示绑扎分布筋或箍筋。

5）单层网片宜先绑四周再绑中间，绑中间时应在模具上搭设挑架；双层网片宜先绑底层再绑面层。

6）绑扎完成后，应清理模具内杂物、断绑丝等。

图 2-66　钢筋半成品模具内绑扎

（3）钢筋间隔件安装要求

为了确保钢筋的混凝土保护层厚度符合设计要求，使预制构件的耐久性能达到结构设计的年限要求，在钢筋入模完成后应安装钢筋间隔件，如图 2-67 所示，钢筋间隔件安装要求如下。

1）常用的钢筋间隔件有水泥间隔件和塑料间隔件，应根据需要，选择种类、材质、规格合适的钢筋间隔件。

2）钢筋间隔件应根据制作工艺要求在钢筋骨架入模前或入模后安装，可以绑扎或卡在钢筋上。

3）间隔件的数量应根据配筋密度、主筋规格、作业要求等综合考虑，一般每平方米范围内不宜少于 9 个。

4）在混凝土下料位置，宜加密布置间隔件，在钢筋骨架悬吊部位可适当减少间隔件。

5）钢筋间隔件应垫实并绑扎牢固。

图 2-67　钢筋间隔件安装

2. 预埋件入模

预埋件通常是指吊点、结构安装或者安装辅助用的金属件等。在模具钢筋组装完成后，需要完成各种预埋件的安装，如图 2-68 所示，包括吊点埋件、支撑点埋件、电箱电盒、线管、洞口埋件，等等。较大的预埋件应先于钢筋骨架入模或与钢筋骨架一起入模，其他预埋件一般在最后入模。

（1）预埋件入模的操作要点

①预埋件安装前应核对类型、品种、规格、数量等，不得错装或漏装。

②应根据工艺要求和预埋件的安装方向正确安装预埋件，倒扣在模台上的预埋件应在模台上设定位杆，安装在侧模上的预埋件应用螺栓固定在侧模上，在预制构件浇筑面上的预埋件应采用工装挑架固定安装。

③安装预埋件一般宜遵循先主后次、先大后小的原则。

④预埋件安装应牢固且须防止位移，安装的水平位置和垂直位置应满足设计及规范要求。

⑤底部带孔的预埋件安装后应在孔中穿入规格合格的加强筋，加强筋的长度应在预埋件两端各露出不少于150mm，并防止加强筋在孔内左右移动。

13. 预埋螺栓

⑥预埋件应逐个安装完成后再一次性紧固到位。

图 2-68　预埋件的安装

（2）预埋波纹管或预留盲孔的操作要点

为方便现场的结构连接和安装，有些预制构件会采用预埋波纹管（图 2-69）或预留盲孔的形式，在作业时应注意以下操作要点。

图 2-69　预埋波纹管

1）应采用专用的定位模具对波纹管或螺纹盲管进行定位。

2）定位模具安装应牢固可靠，不得移位或变形，应有防止定位垂直度变化的措施。

3）宜先安装定位模具、波纹管和螺纹盲管再绑扎钢筋，避免钢筋绑扎后造成波纹管和螺纹盲管安装困难。

4）波纹管外端宜从模板定位孔穿出并固定好，内端应有效固定，做好密封措施，避免浇筑时混凝土进入。

（3）线盒、线管入模操作要点

线盒、线管在预埋件安装完成后入模安装。

1）在线盒内塞入泡沫，线管按需要进行弯管后用胶带进行封堵。

2）按要求将线盒固定在底模或固定的工装架上，常用的线盒固定方式有压顶式、芯模固定式、绑扎固定式、磁吸固定式等。

3）按需要打开线盒侧面的穿管孔，安装好锁扣后，将线管一头伸入锁扣与线盒连接牢固，线管的另一端伸入另一个线盒或者伸出模具外，伸出模具外的线管应注意保护，防止从根部折断。

4）将线管中部与钢筋骨架进行绑扎牢固。

2.5.3　隐蔽工程验收

1. 隐蔽工程验收内容

当模具组装完毕，钢筋与预埋件安装到位后，浇筑混凝土前应进行钢筋、预应力的隐蔽工程检查。隐蔽工程检查项目应包括：

（1）钢筋的牌号、规格、数量、位置和间距；

（2）纵向受力钢筋的连接方式、接头位置、接头质量、接头面积百分率、搭接长度、锚固方式及锚固长度；

（3）箍筋弯钩的弯折角度及平直段长度；

（4）钢筋的混凝土保护层厚度；

（5）预埋件、吊环（图2-70）、插筋、灌浆套筒、预留孔洞、金属波纹管的规格、数量、位置及固定措施；

图2-70　吊环预埋

（6）预埋线盒和管线的规格、数量、位置及固定措施；

（7）夹芯外墙板的保温层位置和厚度，拉结件的规格、数量和位置；

（8）预应力筋及其锚具、连接器和锚垫板的品种、规格、数量、位置；

（9）预留孔道的规格、数量、位置，灌浆孔、排气孔、锚固区局部加强构造。

在加工单位验收合格后，填写隐蔽资料并提交监理进行隐藏报验。经过监理检验确认后，方可进行下道工序。隐蔽检验记录如表2-10所示。

表 2-10　隐蔽工程检验记录清单

隐蔽验收记录		资料编号			
工程名称					
隐检项目		钢筋制作与安装		隐检日期	
隐检部位					

隐检依据：施工图图号＿＿＿＿＿＿＿＿＿＿＿＿＿＿＿＿＿＿＿＿＿＿＿＿＿＿＿＿＿，
设计变更/洽商（编号＿＿＿＿＿＿＿＿＿）及有关国家标准等。
主要材料　名称及规格/型号：

隐检内容：

申报人：

检查意见：

检查结论：
□同意隐蔽　　　　　□不同意，修改后进行复查

复查结论：

复查人：　　　　　复查日期：

签字栏	施工单位		专业技术负责人	
			质检员	
	监理（建设）单位		专业工程师	

2. 隐蔽工程验收程序

隐蔽工程验收的程序如下：

（1）自检

作业班组对完成的隐蔽工程进行自检，认为所有项目合格后在隐蔽工程检验记录表上签字。

（2）报检

作业班组负责人将报检的预制构件型号、模台号、作业班组等信息告知监理工程师及专业质检人员。

（3）验收

监理工程师及专业质检人员根据报检信息，按应验收内容及验收规定及时验收。

（4）整改

验收不合格项需要进行整改，整改后再次进行验收，直至合格，合格后方可进入下道工序。

项目2　装配式混凝土预制构件的制作

［任务清单］🔍

小组共同阅读理论知识，研讨、总结学习体会，完成理论考核任务清单。

考核任务清单

班级	姓名	学号

1. 钢筋入模后，应安装钢筋间隔件，请总结钢筋间隔件安装要求。
钢筋间隔件安装要求包括：
（1）常用的钢筋间隔件有（　　　　）和（　　　　）。应根据需要，选择种类、材质、规格合适的钢筋间隔件。
（2）钢筋间隔件应根据制作工艺要求在钢筋骨架入模前或入模后安装，可以绑扎或卡在钢筋上。
（3）间隔件的数量应根据配筋密度、主筋规格、作业要求等综合考虑，一般每平方米范围内不宜少于（　　　　）个。
（4）在（　　　　　），宜加密布置间隔件，在（　　　　　）可适当减少间隔件。
（5）钢筋间隔件应垫实并绑扎牢固。

2. 钢筋加工工艺流程包括：（　　　　）—（　　　　）—（　　　　）—（　　　　），如果有需要的话，还需要进行钢筋连接。
3. 钢筋加工一般采用的专用自动化加工设备包括（　　　　）、（　　　　）、（　　　　）和桁架筋自动加工设备等。

4. 隐蔽工程应在混凝土浇筑前由驻厂监理工程师及专业质检人员进行验收，未经隐蔽工程验收不得浇筑混凝土。
（1）隐蔽工程检查项目应包括：（　　　　　）、（　　　　　　）、（　　　　　）及预埋线盒和管线的规格、数量、位置及固定措施等。
（2）隐蔽工程验收的程序包括（　　　　）、（　　　　）、（　　　　）、（　　　　）。

5. 在模具钢筋组装完成后，需要完成各种预埋件的安装，包括（　　　　）、（　　　　）、（　　　　）、线管、洞口埋件，等等。较大的预埋件应先于钢筋骨架入模或与钢筋骨架一起入模，其他预埋件一般在最后入模。

6. （1）问题描述
预埋件——连接螺栓位置偏差过大，直接影响预制构件的安装，甚至带来了结构安全隐患。
（2）现请你根据问题描述，分析以上情况产生的原因，请给出2～3条原因分析。

109

[成绩考核]

自我评价及教师评价

任务名称				
姓名学号			班级组别	
序号	考核项目	分值	自我评定成绩	教师评定成绩
1	态度认真，思想意识高	10		
2	遵守纪律，积极完成小组任务	20		
3	能够独立完成任务清单	40		
4	能够按时完成课程练习	15		
5	书写规范、完整	15		

任务总结：

组长评价：

教师评价：　　　　　　　　　评价时间：

項目 2　装配式混凝土预制构件的制作

任务 2.6　模具准备与安装

2.6.1　模具的定义及分类

1. 模具的定义

预制构件模具是以特定的结构形式通过一定方式使材料成型的一种工业产品，同时也是能成批生产出具有一定形状和尺寸要求的工业产品零部件的一种生产工具。

2. 模具的特性及要求

预制构件模具是可以满足预制构件浇筑和重复性使用的组合型结构模具，应具有足够的强度、刚度和整体稳固性，并应符合下列规定：

（1）模具应装拆方便，并应满足预制构件质量、生产工艺和周转次数等要求；

（2）结构造型复杂、外形有特殊要求的模具应制作样板，经检验合格后方可批量制作；

（3）模具各部件之间应连接牢固，接缝应紧密，附带的埋件或工装应定位准确，安装牢固；

（4）用作底模的台座、胎模、地坪及铺设的底板等应平整光洁，不得有下沉、裂缝、起砂和起鼓；

（5）模具应保持清洁，涂刷脱模剂、表面缓凝剂时应均匀、无漏刷、无堆积，且不得沾污钢筋，不得影响预制构件外观效果；

（6）应定期检查侧模、预埋件和预留孔洞定位措施的有效性；应采取防止模具变形和锈蚀的措施；重新启用的模具应检验合格后方可使用；

（7）模具与平模台间的螺栓、定位销、磁盒等固定方式应可靠，防止混凝土振捣成型时造成模具偏移和漏浆。

除设计有特殊要求外，预制构件模具尺寸偏差和检验方法应符合《装配式混凝土建筑技术标准》GB/T 51231—2016　9.3.3 条的规定，如表 2-11 所示。

表 2-11　预制构件模具尺寸允许偏差和检验方法

项次	检验项目、内容		允许偏差（mm）	检验方法
1	长度	≤6m	1，−2	用尺量平行构件高度方向，取其中偏差绝对值较大处
		>6m 且≤12m	2，−4	
		>12m	3，−5	
2	宽度、高（厚）度	墙板	1，−2	用尺测量两端或中部，取其中偏差绝对值较大处
3		其他构件	2，−4	
4	底模表面平整度		2	用 2m 靠尺和塞尺量
5	对角线差		3	用尺量对角线
6	侧向弯曲		$L/1500$ 且≤5	拉线，用钢尺测侧向弯曲最大处
7	翘曲		$L/1500$	对角拉线测量交点间距离值的两倍

111

续表

项次	检验项目、内容	允许偏差（mm）	检验方法
8	组装缝隙	1	用塞片或塞尺量测，取最大值
9	端模与侧模高低差	1	用钢尺量

3. 模具的分类

预制构件模具可根据构件种类分为：外墙模具、内墙模具、隔墙模具、梁模具、柱模具、楼梯模具、阳台模具、窗模具、门模具、女儿墙模具、遮阳板模具、楼板模具、飘窗模具、空调板模具、管廊模具等。预制构件常用模具如图 2-71 所示。

（a）剪力墙模具

（b）楼梯模具

（c）夹芯保温墙模具

图 2-71 预制构件常用模具

2.6.2 模具的安装

模具安装主要包括：模具清理—模具组装—涂刷脱模剂。

1. 模具清理

（1）做好劳保用品准备及生产工具领取工作。

（2）将模具表面残留的混凝土和其他杂物清理干净，注意模具边沿的清理，确保清理干净，无残留混凝土。

（3）工具使用后清理干净，整齐放入指定工具箱内。保证作业区域整洁。

（4）模板清理完成后必须整齐、规范地堆放到指定区域。

2. 模具组装

对于通用模具，可以采用机械手组装的方式实现自动化作业，快速完成模具组装。对于不通用的模具，四面有外伸件，需要通过人工作业进行组装。

（1）模具组装操作规程

1）依照图纸尺寸在模台上绘制出模具的边线，仅制作首件时采用。

2）在已清洁的模具的拼装部位粘贴密封条防止漏浆。

3）在模台与混凝土接触的表面均匀喷涂脱模剂，擦至面干。

4）模具应按照顺序组装：一般平板类预制构件宜先组装外模，再组装内模；阳台、飘窗等宜先组装内模，再组装外模。对于需要先吊入钢筋骨架的预制构件，应严格按照工艺流程在吊入钢筋骨架后再组装模具，最后安装埋件。

5）模具固定方式应根据预制构件类型确定，异形预制构件或较高大的预制构件应采用定位销和螺栓固定，螺栓应拧紧；叠合楼板或较薄的平板类预制构件既可采用螺栓加定位销固定，也可采用磁盒固定。

6）对侧边留出箍筋的部位，应采用泡沫棒或专用卡片封堵留出筋孔，防止漏浆。

7）按要求做好伸出钢筋的定位措施。

8）模具组装完毕后，依照图样检验模具，及时修正错误部位。

9）自检无误后，报质检员复检。

（2）梁、柱模具组装要点

1）梁、柱模具多为跨度较长的模具，组模时应在模具长边的中部加装拉杆和支撑，以防止浇筑时模板中部胀模。

2）组装梁模具时，应对照图纸检查两个端模伸出钢筋的位置，防止模具两个端模装错、装反。

3）组装柱模具时，应先确认好成型面，避免出错。

4）应对照图样检查端模套筒位置，以防止端模组装错误。

（3）墙板模具组装要点

1）模具组装时，应依照图样检查各边模的套筒、留出筋、穿墙孔等位置，确保模具组装正确。

2）模具组装完成后，应封堵好出筋孔，做好出筋定位措施。

（4）叠合楼板模具组装要点

1）磁盒紧固时，应注意磁盒安放的间距，以防止出现模具松动、漏浆等现象。

2）定位销和螺栓紧固时，应注意检查定位销和螺栓是否齐全，以防止出现模具松动、漏浆等现象。

3）边上有出筋的，应做好出筋位置的防漏浆措施和出筋的定位措施。

（5）楼梯模具组装要点

楼梯模具分为两种：平模（图2-72）和立模（图2-73）。楼梯模具的组装应注意以下要点。

1）组装立模楼梯模具时，应注意密封条的粘贴与模具的紧固情况，以防止出现漏浆等现象。

2）楼梯立模安装时应检查模具安装后的垂直度；封模前还要检查钢筋保护层厚度是否满足设计要求。

3）组装平模楼梯模具时，应注意检查模具螺栓是否齐全，以防止出现模具松动、漏浆等现象，特别是两端出筋部位要做好防漏浆措施。

4）平模安装时要检查模具是否有扭曲变形。

图 2-72　卧式楼梯模具

图 2-73　立式楼梯模具

（6）高大立模组装要点

柱、柱梁一体化预制构件竖立浇筑时需采用高大立模。高大立模一般指模具高度超过 2.5m 的模具。

1）模具组装前，应搭好操作平台。
2）注意密封条的粘贴与模具的紧固情况，防止出现漏浆等现象。
3）要检查并控制好模具的垂直度。
4）做好支撑，一方面用以调整模具整体的垂直度，另一方面保证作业人员和模具的安全，防止倾倒。

3. 预制构件脱模剂的涂刷

为便于预制构件脱模以及脱模后成型表面达到预定的要求，通常会在模具表面涂刷脱模剂。

（1）脱模剂的种类

脱模剂有很多种，用于混凝土预制构件的脱模剂通常包括水性脱模剂和油性脱模剂。

1）水性脱模剂。水性脱模剂是由有机高分子材料研制而成，易溶于水，兑水后涂刷于模板上，会形成一层光滑的隔离膜，该隔离膜能完全阻止混凝土与模板的直接接触，并有助于混凝土浇筑时混凝土与模板接触处的气泡能迅速溢出，减少预制构件表面的气孔。水性脱模剂使用之后不会影响混凝土的强度，对钢筋无腐蚀作用、无毒、无害。

2）油性脱模剂。油性脱模剂常用机油和工业废机油、水、乳化剂等混合而成，其黏性及稠度高，混凝土气泡不容易溢出，易造成预制构件表面出现气孔，并且严重影响后续表面抹灰砂浆与混凝土基层的黏结力，所以在预制构件生产中的使用已逐渐减少。

（2）脱模剂的涂刷

脱模剂的涂刷可以用滚刷和棉抹布手工擦拭，如图2-74所示，也可使用喷涂设备喷涂（图2-75）。涂刷脱模剂的相关要求如下。

1）使用前先将浓缩的脱模剂按使用说明及实际使用需求进行稀释，并搅拌均匀。

2）已涂刷脱模剂的模具，必须在规定的有效时间内完成混凝土浇筑。

3）脱模剂必须当天配制当天使用。

4）采用新品种、新工艺的脱模剂时，须先做可行性试验，以便达到最佳稀释倍数及最佳的预制构件表面效果。

图2-74 人工涂刷脱模剂

图 2-75 机器喷涂脱模剂装置

（3）脱模剂涂刷未按要求易导致的问题

脱模剂涂刷未按要求施工直接影响预制构件的外观质量，产生如麻面、局部疏松、表面色差或脏污等问题。

1）脱模剂涂刷不到位或涂刷后较长时间才浇筑混凝土，易造成预制构件表面混凝土粘模而产生麻面等。

2）脱模剂涂刷过量或局部堆积，易造成预制构件表面混凝土麻面或局部疏松等。

3）脱模剂不洁净或涂刷脱模剂的刷子、抹布不干净，易造成预制构件混凝土表面脏污、有色差等。

[任务清单]

小组共同阅读理论知识，研讨、总结学习体会，完成以下考核任务清单。

考核任务清单

班级	姓名	学号

任务描述：PC 工厂技术人员小刘在工作中遇到了几项技术问题，请你帮忙协助解决。

问题 1：模具在生产过程中，一开始或者生产一段时间后发生变形，不能满足预制构件的精度要求。

原因分析：可能是在设计模具时，凭经验设计，缺少受力计算分析，造成模具整体结构的强度和刚度不能支撑整个生产周期中各种荷载的冲击而发生变形。

请你提供 2～3 条预防措施和处理方法。

（1）可以运用有限元的分析软件，对模具最大荷载进行受力分析，不满足要求的模具要进行结构优化，使其满足强度和刚度的要求，并具有良好的使用性能。

（2）

（3）

（4）

问题 2：混凝土浇筑时，模板拼缝处或模板四周出现大量的漏浆，造成构件脱模后产生比较厚的混凝土毛刺，如下图所示。

原因分析：可能是模具清理不到位，边模和模台之间有间隙。或者是模具年久失修，造成严重变形，拼缝不严，使构件产生毛刺和飞边。这些都会直接影响构件的外观质量，有的甚至会影响构件的外观尺寸，造成构件安装困难。

请你提供 2～3 条预防措施和处理方法。

（1）模具设计和制作时，应合理选材，严格控制各部分尺寸。

（2）定期检查模具，对存在问题的模具及时整修，验收合格后方可投入使用。

（3）

（4）

[成绩考核]

自我评价及教师评价

任务名称				
姓名学号			班级组别	
序号	考核项目	分值	自我评定成绩	教师评定成绩
1	态度认真，思想意识高	10		
2	遵守纪律，积极完成小组任务	20		
3	能够独立完成任务清单	40		
4	能够按时完成课程练习	15		
5	书写规范、完整	15		

任务总结：

组长评价：

教师评价：　　　　　　　　　评价时间：

任务 2.7　预制构件混凝土浇筑与养护

2.7.1　预制构件混凝土浇筑

在隐蔽验收完成后，混凝土浇筑时，检查混凝土的质量情况，针对混凝土的和易性以及坍落度等方面进行检查，对于不合格的混凝土禁止浇入模具内使用。

1. 混凝土搅拌

预制构件混凝土的搅拌是指工厂搅拌站人员根据车间布料员报送的混凝土规格（包括浇筑构件类型、构件编号、混凝土类型及强度等级、坍落度要求及需要的混凝土方量等）进行混凝土搅拌。混凝土应采用有自动计量装置的强制式搅拌机搅拌，并具有生产数据逐盘记录和实时查询功能。混凝土应按照混凝土配合比通知单进行生产，原材料每盘称量的允许偏差应符合表 2-12 的规定。

表 2-12　混凝土原材料每盘称量的允许偏差

项次	材料名称	允许偏差
1	胶凝材料	±2%
2	粗、细骨料	±3%
3	水、外加剂	±1%

混凝土浇筑前，要检测混凝土的坍落度，坍落度值越大表示混凝土拌合物的流动性越大。坍落度宜在浇筑地点随机取样检测，经坍落度检测合格的混凝土方可使用。检测方法如图 2-76 所示。

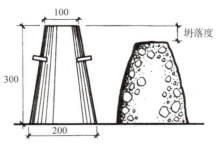

图 2-76　坍落度筒及坍落度法示意图

14. 普通混凝土拌合物扩展度测定

15. 普通混凝土坍落度值测量

（1）如坍落度检测值在设计允许范围内，且混凝土拌合物的黏聚性、保水性、流动性均良好，则该盘混凝土可正常使用。反之，如坍落度超出配合比设计允许范围或出现崩塌、严重泌水或流动性差等现象时，则禁止使用该盘混凝土。

（2）当实测坍落度大于设计坍落度的最大值时，该盘混凝土不得用于浇筑当前预制构件。如混凝土和易性良好，可以用于浇筑比当前混凝土设计强度低一等级的预制构件或庭院、景观类预制构件；如混凝土和易性不良，存在严重泌水、离析、崩塌等现象，则该盘混凝土禁止使用。

（3）当实测坍落度小于设计坍落度的最小值，但仍有较好的流动性，则该盘混凝土可用于浇筑同强度等级的叠合板、墙板等较简单、操作面积大且容易浇筑的预制构件，否则应通知试验室对该盘混凝土进行技术处理后才能使用。

2. 混凝土浇筑及振捣要求

（1）混凝土浇筑要点

1）混凝土浇筑前，预埋件及预留钢筋的外露部分宜采取防止污染的措施。

2）混凝土倾落高度不宜大于600mm，并应均匀摊铺。

3）混凝土浇筑应连续进行。

4）混凝土从出机到浇筑完毕的延续时间：气温高于25℃时不宜超过60min，气温不高于25℃时不宜超过90 min。

（2）混凝土振捣要点

预制构件混凝土振捣与现浇混凝土振捣不同，由于套筒、预埋件多，所以要根据预制构件的具体情况选择适宜的振捣形式及振捣棒。固定模台工艺采用插入式混凝土振动棒振捣（图2-77）。流水线作业时，采用混凝土自动振动台（图2-78）振捣，自动振动台通过水平和垂直振动从而提高混凝土的密实度。

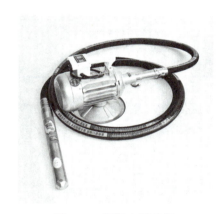

图 2-77　混凝土振动棒　　　　　　　图 2-78　混凝土自动振动台

混凝土振捣应符合下列规定：

1）混凝土宜采用机械振捣方式成型。振捣设备应根据混凝土的品种、工作性、预制构件的规格和形状等因素确定，应制定振捣成型操作规程。

2）当采用振捣棒时，混凝土振捣过程中不应碰触钢筋骨架、面砖和预埋件。

3）混凝土振捣过程中应随时检查模具有无漏浆、变形或预埋件有无移位等现象。

（3）浇筑混凝土的表面处理

1）压光面

混凝土浇筑振捣完成后，应用刮尺刮平表面，在混凝土表面临近面干时，对混凝土表面进行抹压至表面平整光洁，如图2-79所示。

图 2-79　混凝土抹压平整

2）粗糙面

预制构件粗糙面成型应符合下列规定：

可采用模板面预涂缓凝剂工艺，脱模后采用高压水冲洗露出骨料。

叠合面粗糙面可在混凝土初凝前进行拉毛处理。如图 2-80 所示为人工拉毛处理，如图 2-81 所示为机器拉毛处理。

图 2-80　混凝土表面人工扫帚拉毛处理

图 2-81　混凝土表面机器拉毛处理

混凝土浇筑完成后，填写浇筑记录表，如表 2-13 所示。

表 2-13　混凝土浇筑记录

混凝土浇筑记录		编号	
工程名称			
生产单位		混凝土设计强度等级	
构件编号			
浇筑开始时间		浇筑完成时间	
天气温度		混凝土完成数量	立方米
混凝土来源	预拌混凝土	生产厂家供料强度等级	
	自拌混凝土开盘鉴定编号		

续表

实测坍落度	（　）mm	出盘温度	（　）℃	入模温度	（　）℃
试件留置种类、数量、编号和养护情况					
混凝土浇筑前的隐蔽工程检查情况					
混凝土浇筑的连续性					
生产负责人			填表人		

2.7.2　预制构件养护

预制构件混凝土养护是保证预制构件质量的重要环节。为保证浇筑好的混凝土的强度、耐久性、抗冻性达到设计要求，并防止产生收缩和温度裂缝，应根据预制构件的各项参数的要求及生产条件进行养护。

1. 养护方式与特点

混凝土预制构件的养护方式有自然养护和蒸汽养护两种。

（1）自然养护

利用平均气温高于 +5℃的自然条件，用适当的材料对混凝土表面加以覆盖并浇水，使混凝土在一定的时间内保持水泥水化作用所需的适当温度和湿度条件，这就是混凝土预制构件覆盖浇水自然养护。

自然养护可以降低预制构件生产成本，当预制构件生产有足够的工期或环境温度能确保次日预制构件脱模强度满足要求时，应优先选用自然养护的方式进行预制构件的养护。自然养护成本低，简单易行，但养护时间长（不少于 7d），模板周转率低，占地面积大。

自然养护操作规程为：

1）在需要养护的预制构件上盖上不透气的塑料或尼龙薄膜，处理好周边封口。

2）必要时在预制构件上面加盖较厚的帆布或其他保温材料，减少温度散失。

3）让预制构件保持覆盖状态，中途应定时观察薄膜内的湿度，必要时应适当淋水。

4）直至预制构件强度达到脱模强度后方可撤去预制构件上的覆盖物，结束自然养护。

（2）养护窑蒸汽养护

养护窑蒸汽养护适用于流水线工艺，所用养护窑如图 2-82 所示。蒸汽养护可缩短养护时间，模具周转率相应提高，占用场地面积大幅度降低。蒸汽养护的流程包括：静停—升温—恒温—降温四个阶段。

1）静停阶段

静停阶段是混凝土预制构件成型后，在室温下停放养护，以防止构件表面产生裂缝和疏松。静停时间不宜少于 2h。

图 2-82 预制构件蒸汽养护窑

2）升温阶段

升温阶段的升温速率应为 10~20℃/h，升温速度不宜过快，以免构件表面和内部温差太大而产生裂纹。

3）恒温阶段

恒温阶段是升温后温度保持不变的阶段，此时混凝土强度增长最快，这个阶段应保持 90% 以上的相对湿度，蒸养时间不低于 4h，宜为 6~8h，梁、柱等较厚的预制构件养护最高温度为 40℃，叠合板、墙板等较薄的预制构件或冬季生产时，养护温度不高于 60℃。

4）降温阶段

降温速度不宜过快，降温速率不宜大于 20℃/h。

2. 预制构件养护要求

预制构件养护应符合下列规定：

（1）应根据预制构件特点和生产任务量选择自然养护、自然养护加养护剂或加热养护方式。

（2）混凝土浇筑完毕或压面工序完成后应及时覆盖保湿，脱模前不得揭开。

（3）涂刷养护剂应在混凝土终凝后进行。

（4）加热养护可选择蒸汽加热、电加热或模具加热等方式。

（5）加热养护制度应通过试验确定，宜采用加热养护温度自动控制装置。宜在常温下预养护 2~6h，升、降温速度不宜超过 20℃/h，最高养护温度不宜超过 70℃。预制构件脱模时的表面温度与环境温度的差值不宜超过 25℃。

（6）夹芯保温外墙板最高养护温度不宜大于 60℃。

构件浇筑完成后采取流水线生产、固定台座两种方式进行蒸汽养护。这两种方式的温度控制方式不同。如图 2-83 所示，流水线生产的构件进入立体蒸养窑进行蒸汽养护，根据设定好的程序，电脑统一进行温度控制，严格遵照蒸汽养护制度进行控温,可随时调取蒸汽养护记录。如图 2-84 所示,固定模台的混凝土预制构件养护期间的温度可分别独立控制,以达到系统养护效率的最优化,整个过程应填写温度蒸汽养护记录,保证记录的真实性和有效性,达到可追溯的作用。表 2-14 为混凝土蒸汽养护测温记录表。

图 2-83　具备蒸养温控系统的混凝土立体养护窑

图 2-84　固定模台每个台位配有多个蒸汽管道及控制阀组

表 2-14　混凝土养护测温记录表

混凝土养护测温记录表			编号						
工程名称									
型号			养护方法						蒸养
测温时间			大气温度 (℃)	各测孔温度(℃)						平均温度 (℃)	时间间隔 (h)
月	日	时		1	2	3	4	5	6		
生产单位											
技术员			质检员						测温员		

3. 预制构件脱模的要求

（1）预制构件脱模起吊（图 2-85 和图 2-86）时的混凝土强度通过计算确定，应不小于 15MPa。

（2）预制构件出模后应及时对其外观质量进行全数目测检查。预制构件外观质量不应有缺陷，对已经出现的严重缺陷应制定技术处理方案进行处理并重新检验，对出现的一般缺陷应进行修整并达到合格。

（3）预制构件不应有影响结构性能、安装和使用功能的尺寸偏差。对超过尺寸允许偏差且影响结构性能和安装、使用功能的部位应经原设计单位认可，制定技术处理方案进行处理，并重新检查验收。

如图 2-85 和图 2-86 所示为预制构件脱模和预制构件翻转准备起吊。

图 2-85　预制构件脱模

图 2-86　预制构件翻转准备起吊

装配式混凝土预制构件制作与运输

[任务清单] 🔍

小组共同阅读理论知识，研讨、总结学习体会，完成理论考核任务清单。

考核任务清单

班级	姓名	学号

任务描述

PC 构件生产厂技术员小刘接到某工程预制混凝土剪力墙外墙的构件制作和混凝土浇筑任务，小刘现需要进行该外墙板的蒸养与起板入库工作。现关于此项任务有几项技术问题请帮忙协助解决。

1. 混凝土浇筑前，要检测混凝土的坍落度，坍落度值越大表示混凝土拌合物的（   ）越大。

2.（1）如坍落度检测值在设计允许范围内，且混凝土拌合物的黏聚性、保水性、流动性均良好，则该盘混凝土（   ）。

（2）当实测坍落度大于设计坍落度的最大值时，该盘混凝土（   ）。

（3）当实测坍落度小于设计坍落度的最小值，但仍有较好的流动性，则该盘混凝土（   ）。

3. 总结蒸汽养护窑蒸汽养护的流程。

蒸汽养护分四个阶段：

（   ）：就是指混凝土浇筑完毕至升温前在室温下先放置一段时间。

（   ）：就是混凝土原始温度上升到恒温阶段。

（   ）：是混凝土强度增长最快的阶段。

（   ）：混凝土已经硬化，如降温过快，混凝土会产生表面裂缝，因此降温速度应加控制。

4. 概括预制构件自然养护操作要点。

（1）在需要养护的预制构件上盖上（   ）或（   ），处理好周边封口。

（2）必要时在上面加盖（   ）或其他保温材料，减少温度散失。

（3）让预制构件保持覆盖状态，中途应定时观察薄膜内的湿度，必要时应（   ）。

（4）直至预制构件强度达到脱模强度后方可撤去预制构件上的覆盖物，结束自然养护。

項目 2　装配式混凝土预制构件的制作

[成绩考核]

自我评价及教师评价

任务名称				
姓名学号			班级组别	
序号	考核项目	分值	自我评定成绩	教师评定成绩
1	态度认真，思想意识高	10		
2	遵守纪律，积极完成小组任务	20		
3	能够独立完成任务清单	40		
4	能够按时完成课程练习	15		
5	书写规范、完整	15		

任务总结：

组长评价：

教师评价：　　　　　　　　评价时间：

127

思政课堂

装配率高达64%！全国首个实现"墙柱梁板全预制、地上地下全装配"装配式项目完成封顶

云谷嘉苑3号楼封顶。受访单位供图

8月10日，全国首个"墙柱梁板全预制、地上地下全装配"的SPCS示范项目的封顶仪式在长沙市经济技术开发区三一工业城举行，随着最后一方混凝土的浇筑完成，标志着采用三一筑工SPCS结构体系的"云谷嘉苑3号楼"正式宣告主体封顶。

据了解，云谷项目位于湖南省长沙市经济技术开发区，凉塘路以南，东四路以西位置，由中建二局承建。首期3号楼为SPCS示范楼，3号楼应用SPCS3.0技术体系，总建筑面积为11566m^2，建筑高度为74.8m，共24层，标准层层高2.95m，装配率为64.4%。地下结构采用预制空腔柱和空腔墙。

三一筑工开发的"空腔+搭接+现浇"核心技术，SPCS 3.0可以实现主体结构全装配，地上地下、墙柱梁板全预制。其核心技术从三个方面解决了装配式建筑领域"整体安全受质疑"和"造价高"的两大痛点。

工厂预制含钢筋笼的空腔构件，代替了现场绑钢筋、支模板的工作；空腔内安放成型连接钢筋笼，通过搭接实现预制构件间的连接；空腔内浇筑混凝土，形成叠合受力体，确保整体安全。"空腔+搭接+现浇"是一种"工业化现浇"的过程，它既保留了传统现浇的做法，整体安全，防水性能好，品质高，又用工业化生产的方式，提升了生产效率，降低了建造成本。

SPCS空腔墙是由成型钢筋笼及两侧预制墙板组成空腔预制构件。现场安装就位后，在空腔内浇筑混凝土，并通过连接钢筋，使现浇混凝土与预制构件形成整体。

SPCS空腔墙的钢筋笼采用机械焊接钢筋网片构造，可实现大规模工业化，采用双模台面生产流程，其两侧均在模台上生产成型，表面精度高；生产效率高，构件外表面光滑、平整免抹灰，构件重量轻、板块大、拼缝少、施工快。

本项目 SPCS 地下室空腔墙柱具有墙板间通过空腔内插入成型钢筋笼，并浇筑混凝土形成整体。采用 SPCS 结构技术的地下室减少了土方开挖、墙体钢筋绑扎、模板支设等工序，大大缩减了地下室施工周期，有利于工程建设项目进度。

空腔墙之间采用四重防水：外墙防水卷材＋外墙打胶＋防水混凝土＋中埋止水钢板，保证了地下室外墙的防水性能，解决了传统地下室外墙渗漏的质量问题。

云谷嘉苑3号楼采用 SPCS 结构体系，相对于传统灌浆套筒装配式建筑，SPCS 结构技术采用高度工业化、智能化的生产设备，精确控制构件生产全过程，使得构件品质好；构件整体成型，精度高，可达到免抹灰效果；免去灌浆，避免了灌浆过程受温度影响的问题，可实现冬季正常施工。

同时，该项目采用智能化生产设备，构件生产效率更高；可实现构件的快速定位安装，有效提高塔吊利用率，节省工期；采用等同现浇结构的钢筋搭接方式，构件不出筋，节约钢筋材料费；同等体积构件混凝土预制量少，空腔构件单价较传统装配式低 400～600 元 /m^3。

项目 3
装配式混凝土预制构件存放与运输

知识目标

熟悉安装构件信息标识的基本内容；
熟悉设置多层叠放构件间垫块要求；
掌握构件起板的吊具选择与连接要求；
掌握外露金属件的防腐、防锈操作要求；
掌握预制构件存放要求、存放场地的要求及存放时的防护等。

能力目标

能够模拟操作行车吊运构件入库码放；
能够进行工完料清操作；
能够完成预制构件存放场地的准备，完成预制构件的存放工作。

素质目标

具备自主学习的能力，能够独立思考、发现问题、解决问题，并具备创新意识；
具备实践操作能力，能够将所学知识应用于实际生活中，具备解决实际问题的能力。

"1+X"认证考试要求

构件一般储放工装、治具

序号	工装、治具	工作内容
1	门式起重机	构件起吊、装卸、调板
2	外雇汽车式起重机	构件起吊、装卸、调板
3	叉车	构件装卸
4	吊具	叠合楼板构件起吊、装卸，调板
5	钢丝绳	构件（除叠合板）起吊、装卸，调板
6	存放架	墙板专用储存
7	转运车	构件从车间向堆场转运
8	专用运输架	墙板转运专用
9	木方（100mm×100mm×250mm）	构件存储支撑
10	工字钢（110mm×110mm×3000mm）	叠合板存储支撑

主要学习内容

任务 3.1　装配式混凝土预制构件存放

预制构件存放是预制构件制作过程的一个重要环节，造成预制构件断裂、裂缝、翘曲、倾倒等质量和安全问题的一个很重要的原因就是存放不当。所以，对预制构件的存放作业一定要给予高度的重视。本任务中我们介绍预制构件存放方式及要求，预制构件存放场地要求，插放架、靠放架、垫方、垫块要求和预制构件存放的防护。

3.1.1　预制构件存放方式及要求

16. 预制构件存放与运输

预制构件一般按品种、规格、型号、检验状态分类存放，不同的预制构件存放的方式和要求也不一样，以下给出常见预制构件存放的方式及要求。

1. 叠合楼板存放方式及要求

（1）叠合楼板宜平放，叠放层数不宜超过 6 层。存放叠合楼板应按同项目、同规格、同型号分别叠放，如图 3-1 所示。叠合楼板不宜混叠，如果确需混叠应进行专项设计，避免造成裂缝等。

图 3-1　相同规格、型号的叠合楼板叠放实例

（2）叠合楼板一般存放时间不宜超过 2 个月，当需要长期（超过 3 个月）存放时，存放期间应定期监测叠合楼板的翘曲变形情况，发现问题及时采取纠正措施。

（3）应该根据存放场地情况和发货要求进行合理的安排，如果存放时间比较长，就应该将同一规格、型号的叠合楼板存放在一起；如果存放时间比较短，则可以将同一楼层和接近发货时间的叠合楼板按同规格、型号叠放的方式存放在一起。

（4）叠合楼板存放要保持平稳，底部应放置垫木或混凝土垫块，垫木或垫块应能承受上部所有荷载而不致损坏。垫木或垫块厚度应高于吊环或支点。

（5）叠合楼板叠放时，各层支点在纵横方向上均应在同一垂直线上，如图3-2所示。支点位置设置应符合下列原则：

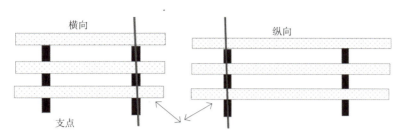

图3-2 叠合楼板各层支点在纵横方向上垂直线上的示意图

1）设计给出了支点位置或吊点位置的，应以设计给出的位置为准。此位置因某些原因不能设为支点时，宜在以此位置为中心不超过叠合楼板长宽各1/20半径范围内寻找合适的支点位置，如图3-3所示。

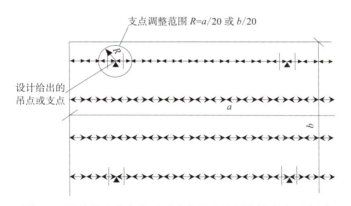

图3-3 设计给出支点位置时确定叠合楼板存放支点示意图

2）设计未给出支点或吊点位置的，宜在叠合楼板长度和宽度方向的1/5~1/4的位置设置支点，如图3-4所示。形状不规则的叠合楼板，其支点位置应经计算确定。

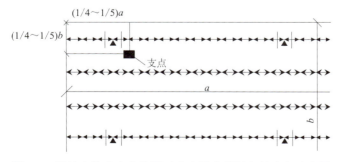

图3-4 设计未给出支点位置时确定叠合楼板存放支点示意图

3）当采用多个支点存放时，建议按图 3-5 所示设置支点。同时，应确保全部支点的上表面在同一平面上，如图 3-6 所示。一定要避免边缘支垫低于中间支垫，形成过长的悬臂，导致较大的负弯矩产生裂缝；且应保证各支点的固实，不得出现压缩或沉陷等现象。

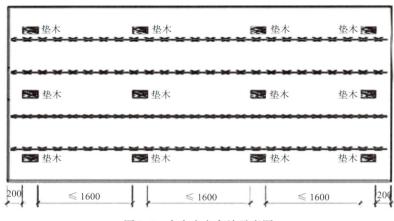

图 3-5　多个支点存放示意图

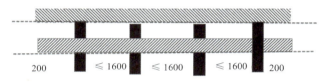

图 3-6　多个支点的上表面应在同一高度的示意图

（6）当存放场地地面的平整度无法保证时，最底层叠合楼板下面禁止使用木条通长整垫，避免因中间高两端低导致叠合楼板断裂。

（7）叠合楼板上不得放置重物或施加外部荷载，如果长时间这样做将造成叠合楼板的明显翘曲。

（8）因场地等原因，叠合楼板必须叠放超过 6 层时要注意两点：

1）要进行结构复核计算。

2）防止应力集中，导致叠合楼板局部细微裂缝，存放时未必能发现，但在使用时会出现，造成安全隐患。

2. 楼梯存放方式及要求

（1）楼梯宜平放，叠放层数不宜超过 4 层，应按同项目、同规格、同型号分别叠放。

（2）应合理设置垫块位置，确保楼梯存放稳定，支点与吊点位置须一致，如图 3-7 所示。

（3）起吊时防止端头磕碰，如图 3-8 所示。

（4）楼梯采用侧立存放方式时应做好防护，防止倾倒，存放层高不宜超过 2 层，如图 3-9 所示。

图 3-7 楼梯支点位置

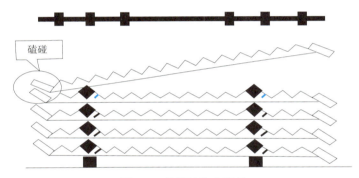

图 3-8 起吊时防止磕碰

图 3-9 楼梯侧立存放

3. 内外剪力墙板、外挂墙板存放方式及要求

（1）对侧向刚度差、重心较高、交承面较窄的预制构件，如内外剪力墙板、外挂墙板等预制构件宜采用插放或靠放的存放方式。

（2）插放即采用存放架立式存放，存放架及支撑挡杆应有足够的刚度，应靠稳垫实，如图 3-10 所示。

图 3-10　插放法存放的外墙板

（3）当采用靠放架立放预制构件时，靠放架应具有足够的承载力和刚度，靠放架应放平稳，靠放时必须对称靠放和吊运，预制构件与地面倾斜角度宜大于 80°，预制构件上部宜用木块隔开，如图 3-11 所示。靠放架的高度应为预制构件高度的 2/3 以上，如图 3-12 所示。有饰面的墙板采用靠放架立放时饰面需朝外。

（4）预制构件采用立式存放时，薄弱预制构件、预制构件的薄弱部位和门窗洞口应采取防止变形开裂的临时加固措施。

图 3-11　用靠放法存放的外墙板　　　图 3-12　靠放法使用的靠放架

4. 梁和柱存放方式及要求

（1）梁和柱宜平放，具备叠放条件的，叠放层数不宜超过 3 层。

（2）宜用枕木（或方木）作为支撑垫木，支撑垫木应置于吊点下方（单层存放）或吊点下方的外侧（多层存放）。

（3）两个枕木（或方木）之间的间距不小于叠放高度的 1/2。

（4）各层枕木（或方木）的相对位置应在同一条垂直线上，如果梁上层支撑点位于下层支撑点边缘，会造成梁上部裂缝，如图 3-13 所示。

图 3-13　上层支撑点位于下层支撑点边缘，造成梁上部裂缝的示意图

（5）叠合梁最合理的存放方式是两点支撑，不建议多点支撑，否则会造成梁上部裂缝，如图 3-14 所示。当不得不采用多点支撑时，应先以两点支撑就位放置稳妥后，再在梁底需要增设支点的位置放置垫块并撑实或在垫块上用木楔塞紧。

图 3-14　三点支撑中间高，造成梁上部裂缝的示意图

5. 其他预制构件存放方式及要求

（1）规则平板式的空调板、阳台板等板式预制构件可参照叠合楼板存放方式及要求。

（2）不规则的阳台板、挑檐板、曲面板等预制构件应采用单独平放的方式存放。

（3）飘窗应采用支架立式存放或加支撑、拉杆稳固的方式。

（4）梁柱一体三维预制构件存放应当设置防止倾倒的专用支架。

（5）L 形预制构件的存放如图 3-15 和图 3-16 所示。

图 3-15　L 形板存放实例（一）

图 3-16　L 形板存放实例（二）

（6）槽形预制构件的存放如图 3-17 所示。

图 3-17　槽形预制构件的存放实例

（7）大型预制构件、异形预制构件的存放须按照设计方案执行。

（8）预制构件的不合格品及废品应存放在单独区域，并做好明显标识，严禁与合格品混放。

3.1.2　预制构件存放场地要求

（1）存放场地应在门式起重机可以覆盖的范围内。
（2）存放场地布置应当方便运输预制构件的大型车辆装车和出入。
（3）存放场地应平整、坚实，宜采用硬化地面或草皮砖地面。
（4）存放场地应有良好的排水措施。
（5）存放预制构件时要留出通道，不宜密集存放。
（6）存放场地宜根据工地安装顺序分区存放预制构件。
（7）存放库区宜实行分区管理和信息化管理。

3.1.3　靠架、垫块要求

预制构件存放时，根据不同的预制构件类型采用插放架、靠放架、垫方或垫块来固定和支垫。

（1）插放架、靠放架以及一些预制构件存放时使用的托架应由金属材料制成，插放架、靠放架、托架应进行专门设计，其强度、刚度、稳定性应能满足预制构件存放的要求。

（2）插放架、靠放架的高度应为所存放预制构件高度的 2/3 以上，如图 3-12 所示。

（3）插放架的挡杆应坚固、位置可调且有可靠的限位装置；靠放架底部横挡上面和上横杆外侧面应加 5mm 厚的橡胶皮。

（4）枕木（木方）宜选用质地致密的硬木，常用于柱、梁等较重预制构件的支垫，要根据预制构件重量选用适宜规格的枕木（木方）。

（5）垫木多用于楼板等平层叠放的板式预制构件及楼梯的支垫，垫木一般采用 100mm×100mm 的木方，长度根据具体情况选用，板类预制构件宜选用长度为 300～500mm 的木方，楼梯宜选用长度为 400～600mm 的木方。

（6）如果用木板支垫叠合楼板等预制构件，木板的厚度不宜小于 20mm。

（7）混凝土垫块可用于楼板、墙板等板式预制构件平叠存放的支垫，混凝土垫块一般为尺寸不小于 100mm 的立方体，垫块的混凝土强度不宜低于 C40。

（8）放置在垫方与垫块上面用于保护预制构件表面的隔垫软垫，应采用白橡胶皮等不会掉色的软垫。

3.1.4 预制构件存放的防护

（1）预制构件存放时相互之间应有足够的空间，防止吊运、装卸等作业时相互碰撞造成损坏。

（2）预制构件外露的金属预埋件应镀锌或涂刷防锈漆，防止锈蚀及污染预制构件。

（3）预制构件外露钢筋应采取防弯折、防锈蚀措施，对已套丝的钢筋端部应盖好保护帽以防碰坏螺纹，同时起到防腐、防锈的效果。

（4）预制构件外露保温板应采取防止开裂措施。

（5）预制构件的钢筋连接套筒、浆锚孔、预埋件孔洞等应采取防止堵塞的临时封堵措施。

（6）预制构件存放支撑的位置和方法应根据其受力情况确定，但不得超过预制构件承载力而造成预制构件损伤。

（7）预制构件存放处 2m 内不应进行电焊、气焊、油漆喷涂等作业，以免对预制构件造成污染。

（8）预制墙板门框、窗框表面宜采用塑料贴膜或者其他措施进行防护；预制墙板门窗洞口线角宜用槽形木框保护。

（9）清水混凝土预制构件、装饰混凝土预制构件和有饰面材的预制构件应制定专项防护措施方案，全过程进行防尘、防油、防污染、防破损；棱角部分可采用角型塑料条进行保护。

（10）清水混凝土预制构件、装饰混凝土预制构件和有饰面材的预制构件平放时要对垫木、垫方、枕木（或方木）等与预制构件接触的部分采取隔垫措施。

①长型枕木（或方木）等可以使用PVC布包裹。

②垫木或混凝土垫方可以在与预制构件接触的一面放置白橡胶皮等隔垫软垫。

（11）当预制构件与垫木需要线接触或锐角接触时，要在垫木上方放置泡沫等松软材质的隔垫。

（12）预制构件露骨料粗糙面冲洗完成后送入存放场地前应对灌浆套筒的灌浆孔和出浆孔进行透光检查，并清理灌浆套筒内的杂物。

（13）冬季生产和存放的预制构件的非贯穿孔洞应采取措施防止雨雪水进入，避免发生冻胀损坏。

（14）预制构件在驳运、存放过程中起吊和摆放时，需轻起慢放，避免损坏。

思政课堂

思政目标：了解建筑领域职业道德；了解装配式建筑领域的职业态度、协同与组织能力；熟悉装配式建筑领域的法律、伦理与质量责任；熟悉装配式建筑领域的学习能力与适应能力。

你知道吗？有很多全球著名地标都是装配式建筑

悉尼歌剧院从1959年3月开始动工建造，直至1973年10月竣工，斥资1亿零200万澳大利亚元。悉尼歌剧院的外观为三组巨大的壳片，耸立在南北长186m、东西最宽处为97m的现浇钢筋混凝土结构的基座上。悉尼歌剧院坐落在悉尼港湾，三面临水，环境开阔，设计闻名于世。它的外形像三个三角形翘首于河边，屋顶是白色的，形状犹如贝壳，因而有"翘首遐观的悟静修女"之美称。据设计者晚年时说，他当年的创意其实是来源于橙子，正是那些剥去了一半皮的橙子启发了他。那贝壳形尖屋顶是由2194块每块重15.3t的弯曲形混凝土预制件用钢缆拉紧拼成的，外表覆盖着105万块白色或奶油色的瓷砖。整个建筑群的入口在南端有宽97m的大台阶。车辆入口和停车场设在大台阶下面。高低不一的尖顶壳，外表用白格子釉瓷铺盖，在阳光照映下，远远望去，既像竖立着的贝壳，又像两艘巨型白色帆船，飘扬在蔚蓝色的海面上，故有"船帆屋顶剧院"之称。

项目 3　装配式混凝土预制构件存放与运输

[任务清单] 🔍

小组共同阅读理论知识，研讨、总结学习体会，完成以下考核任务清单。

任务描述

PC 工厂技术人员小刘接到某工程预制混凝土剪力墙外墙板生产的模具准备与安装任务。模具准备与安装的主要内容是完成模台准备、画线、脱膜剂喷涂、模具摆放与校正、保温材料准备等工序。现请你查阅《装配式混凝土建筑技术标准》GB/T 51231—2016 将下表补充完整。

考核任务清单

班级	姓名	学号

模具在生产过程中，一开始或者生产一段时间后发生变形，不能满足预制构件的精度要求。

1. 简述梁和柱存放方式及要求。	
2. 简述预制构件存放的防护注意事项。	
3. 简述预制构件存放场地要求。	
补充	

141

[成绩考核]

自我评价及教师评价

任务名称				
姓名学号			班级组别	
序号	考核项目	分值	自我评定成绩	教师评定成绩
1	态度认真，思想意识高	10		
2	遵守纪律，积极完成小组任务	20		
3	能够独立完成任务清单	40		
4	能够按时完成课程练习	15		
5	书写规范、完整	15		

任务总结：

组长评价：

教师评价：　　　　　　　　　评价时间：

任务 3.2　装配式混凝土预制构件运输

3.2.1　预制构件运输方式

预制构件通常在工厂内预制完成，存放至堆场然后运输至施工现场进行安装。若存放及运输环节构件发生损坏将对工期和成本造成不良影响，因此合理存放构件并安全保质地运输到施工现场是一道至关重要的工序。

1. 预制构件运输的准备工作

预制构件运输的准备工作包括：制定运输方案、设计并制作运输架、验算构件强度、清查构件及察看运输路线等。

（1）制定运输方案：此环节需要根据运输构件实际情况，装卸车现场、运输成本及运输路线的情况，施工单位或当地的起重机械和运输车辆的供应条件以及经济效益等因素综合考虑，最终选定运输方法、选择起重机械（装卸构件用）、运输车辆和运输路线。

预制构件的运输应先考虑公路管理部门的要求和运输路线的实际情况，以满足运输安全为前提。装载构件后，货车的总宽度不超过 2.5m，货车总高度不超过 4.0m，总长度不超过 15.5m。一般情况下，货车总重量不超过汽车的允许载重，且不得超过 40t。特殊构件经过公路管理部门的批准并采取措施后，货车总宽度不超过 3.3m，货车总高度不超过 4.2m，总长度不超过 24m，总载重不超过 48t。如图 3-18 所示为运输车辆。

图 3-18　预制构件运输车

（2）设计并制作运输架：根据构件的重量和外形尺寸进行设计制作，且尽量考虑运输架的通用性。如图 3-19 所示为运输架。

图 3-19　不同形式的运输架

（3）验算构件强度：对钢筋混凝土屋架和钢筋混凝土柱子等构件，根据运输方案所确定的条件，验算构件在最不利截面处的抗裂性能，避免在运输中出现裂缝，如有出现裂缝的可能，应进行加固处理。

（4）清查构件：清查构件的型号、核算构件的质量和数量，有无加盖合格印和出厂合格证书等。

（5）察看运输路线：组织有司机参加的相关人员察看道路情况，沿途上空有无障碍物，公路桥的允许负荷量，通过的涵洞净空尺寸等，如图3-20所示。如不能满足车辆顺利通行，应及时采取措施。此外，应注意沿途是否横穿铁道，如有应查清火车通过道口的时间，以免发生交通事故。

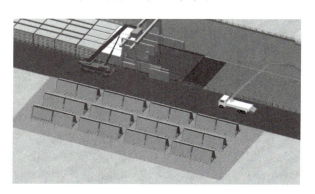

图3-20　运输道路要求

2. 预制构件运输方式

预制构件的运输宜选用低底盘平板车（13m长）或低底盘加长平板车（17.5m长）。预制构件运输方式有立式运输和水平运输两种方式。

（1）立式运输方式

在低底盘平板车上根据专用运输架情况，墙板对称靠放或插放在运输架上。此法适用于内、外墙板等竖向预制构件的运输，如图3-21及图3-22所示。

立式运输方式的优点是装卸方便、装车速度快、运输时安全性较好；缺点是预制构件的高度或运输车底盘较高时可能会超高，在限高路段无法通行。

图3-21　墙板靠放立式运输　　　　图3-22　墙板插放立式运输

（2）水平运输方式

水平运输方式是将预制构件单层平放或叠层平放在运输车上进行运输。

叠合楼板、阳台板、楼梯及梁、柱等预制构件通常采用水平运输方式，如图 3-23 和图 3-24 所示。

图 3-23　叠合楼板水平运输　　　　图 3-24　楼梯水平运输

梁、柱等预制构件叠放层数不宜超过 3 层；预制楼梯叠放层数不宜超过 5 层；叠合楼板等板类预制构件叠放层数不宜超过 6 层。

水平运输方式的优点是装车后重心较低、运输安全性好、一次能运输较多的预制构件。缺点是对运输车底板平整度及装车时支垫位置、支垫方式以及装车后的封车固定等要求较高。

此外，对于异形预制构件和大型预制构件须按设计要求确定可靠的运输方式，如图 3-25 和图 3-26 所示。

图 3-25　大型梁的运输　　　　图 3-26　异形构件的立式运输

综上所述，构件运输比较合理的经济半径为 200 千米以内，且应选择通行方便、道路平整的运输路线。墙体类竖向构件一般采用立放方式运输，预制柱、预制梁、叠合板类水平构件和楼梯一般采用平放方式运输。

3.2.2　预制构件装卸操作要求

1. 预制构件装车基本要求

（1）装卸前准备

①首次装车前应与施工现场预先沟通，确认现场有无预制构件存放场地。如构件从车上直接吊装到作业面，装车时要精心设计和安排，按照现场吊装顺序来装车，先吊装的构件要放在外侧或上层，如图 3-27 所示。

②预制构件的运输车辆应满足构件尺寸和载重要求，避免超高、超宽、超重。当构件有伸出钢筋时，装车超宽、超长复核时应考虑伸出钢筋的长度。

③预制构件装车前应根据运输计划合理安排装车构件的种类、数量和顺序。
④进行装卸时应有技术人员在现场指导作业。

图 3-27　预制构件运输装车顺序

（2）装卸要求

①凡需现场拼装的构件应尽量将构件成套装车或按安装顺序装车，以便于现场拼装。

②构件起吊时应拆除与相邻构件的连接，并将相邻构件支撑牢固。

③对大型构件，宜采用龙门吊或桁车吊运。当构件采用龙门吊装车时，起吊前吊装工须检查吊钩是否挂好，构件中螺丝是否拆除等，避免影响构件的起吊安全。

④构件从成品堆放区吊出前，应根据设计要求或强度验算结果，在运输车辆上支设好运输架。

⑤外墙板采用竖直立放运输为宜，支架应与车身连接牢固，墙板饰面层应朝外，构件与支架应连接牢固。

⑥楼梯、阳台、预制楼板、短柱、预制梁等小型构件以水平运输为主，装车时支点搁置要正确，位置和数量应按设计要求进行。

⑦构件起吊运输或卸车堆放时，吊点的设置和起吊方法应按设计要求和施工方案确定。

⑧运输构件的搁置点：一般等截面构件的搁置点在长度 1/5 处；板的搁置点在距端部 200～300mm 处；其他构件视受力情况确定，搁置点宜靠近节点处。

⑨构件装车时应轻吊轻落、左右对称放置在车上，保持车上荷载分布均匀；卸车时按后装先卸的顺序进行，保持车身和构件稳定。构件装车编排应尽量将质量大的构件放在运输车辆前端或中央部位，质量小的构件则放在运输车辆的两侧。应尽量降低构件重心，确保运输车辆平稳，行驶安全，如图 3-28 所示。

装车准备　　　　　　　　　　构件装车

图 3-28　预制构件装车

2. 具体构件的装卸要求

（1）预制墙板

预制墙板装车时，先将车厢上的杂物清理干净，然后根据所需运输构件的情况，往车上配备人字形堆放架，堆放架底端应加设黑胶垫，构件吊运时应注意不能打弯外伸钢筋。装车时应先装车头部位的堆放架，再装车尾部位的堆放架，每架可叠放 2~4 块，墙板与墙板之间须用泡沫板隔离，以防墙板在运输途中因震动而受损。

（2）预制叠合板

1）叠合板吊装时应慢起慢落，避免与其他物体相撞。应保证起重设备的吊钩位置、吊具及构件重心在垂直方向上重合，吊索与构件水平夹角不宜小于 60°，不应小于 45°。当采用六点吊装时，应采用专用吊具，吊具应具有足够的承载能力和刚度。

2）预制叠合板采用叠层平放的运输方式，叠合板之间应用垫木隔离，垫木应上下对齐，垫木尺寸（长、宽、高）不宜小于 100mm。

3）叠合板两端（至板端 200mm）及跨中位置均设置垫木且间距不大于 1.6m。

4）叠合板不同板号应分别码放，码放高度不宜大于 6 层。

（3）预制楼梯

1）预制楼梯采用叠合平放方式运输，预制楼梯之间用垫木隔离，垫木应上下对齐，垫木尺寸（长、宽、高）不宜小于 100mm，最下面一根垫木应通长设置。

2）不同型号的预制楼梯应分别码放，码放高度不宜超过 5 层。

3）预制楼梯间应绑扎牢固，防止构件移动，楼梯边部或与绳索接触处的混凝土应采用衬垫加以保护。

（4）预制阳台板

1）预制阳台板运输时，底部采用木方作为支撑物，支撑应牢固，不得松动。

2）预制阳台板封边高度为 800mm、1200mm 时，宜采用单层放置。

3）预制阳台板运输时，应采取防止构件损坏的措施，防止构件移动、倾倒、变形等。

3.2.3　预制构件运输封车固定要求

预制构件的运输可采用低平板半挂车或专用运输车，并根据构件的种类不同而采取不同的固定方式，楼板采用平面堆放式运输、墙板采用斜卧式运输或立式运输、异形构件采用立式运输。

（1）预制构件运输时要采取防止构件移动、倾倒或变形的固定措施，构件与车体或架子要用封车带绑在一起。

（2）预制构件有可能移动的空间要用聚苯乙烯板或其他柔软材料进行隔垫。保证车辆急转弯、紧急制动、上坡、颠簸时构件不移动、不倾倒、不磕碰。

（3）宜采用木方作为垫方，木方上应放置白色胶皮，以防滑移及防止预制构件垫方处造成污染或破损。

（4）预制构件相互之间要留出间隙，构件之间、构件与车体之间、构件与架子之间要有隔垫，以防在运输过程中构件受到摩擦及磕碰。设置的隔垫要可靠，并有防止隔垫滑落的措施。

（5）竖向薄壁预制构件须设置临时防护支架。固定构件或封车绳索接触的构件表面要使用有柔性并不会造成污染的隔垫。

（6）有运输架子时，托架、靠放架、插放架应进行专门设计，要保证架子的强度、刚度和稳定性，并与车体固定牢固。

（7）采用靠放架立式运输时，预制构件与车底板面倾斜角度宜大于80°，构件底面应垫实，构件与底部支垫不得形成线接触。构件应对称靠放，每侧不超过2层，构件层间上部需采用木垫块隔离，木垫块应有防滑落措施。

（8）采用插放架立式运输时，应采取防止预制构件倾倒的措施，预制构件之间应设置隔离垫块。

（9）夹芯保温板采用立式运输时，支承垫方、垫木的位置应设置在内、外叶板的结构受力一侧。如夹芯保温板自重由内叶板承受，应将存放、运输、吊装过程中的搁置点设于内叶板一侧（承受竖向荷载一侧），反之亦然。

（10）对于立式运输的预制构件，由于重心较高，要加强固定措施，可以采取在架子下部增加沙袋等配重措施，确保运输的稳定性。

（11）对于超高、超宽、形状特殊的大型预制构件的装车及运输应制定专门的安全保障措施。

思政课堂

思政目标：了解建筑领域职业道德；了解装配式建筑领域的职业态度、协同与组织能力；熟悉装配式建筑领域的法律、伦理与质量责任；熟悉装配式建筑领域的学习能力与适应能力。

国内典型装配式建筑——敦煌文博会主场馆

敦煌文博会项目包括国际会议中心、大剧院、国际酒店及相关配套工程等。敦煌国际会展中心三座展馆对称分布，庄重大气；飞檐敦实厚重，汉唐遗风，丝绸风情意蕴，煌飞天神韵，完美和谐，历史感与现代感兼具。

该项目建筑面积 26.8 万平方米，由中国建筑领衔集团优势单位，发挥中建集团全产业链优势以及预制装配式技术、EPC 建设模式等优势，集成创新了一个方式（装配化建造方式）、一个模式（EPC 工程总承包）、一个平台（中建数字化平台），形成了"三位一体"智能建造的新模式，树立了中国建筑业史上的一座丰碑，塑造了"敦煌模式"，创造了敦煌奇迹。

以敦煌大剧院为代表的场馆建设工厂化装配制造部件占到整个建筑的 81.2%，综合采用设计施工总承包（EPC）模式，成功实现了优化设计、缩短工期、节省投资。仅用 42 天即完成方案设计到土建施工三维图纸；全面采用 BIM 技术，设计、采购、施工在同一信息平台展示，避免"错漏碰撞"，实现复杂构件的精益制造和高效建造；全部场馆主体工程仅用 104 天，15 万平方米的广场石材铺设仅用 40 天，总工期从 5 年压缩至 8 个月，项目管理成本、资金成本大幅度压缩约 15%。

装配式混凝土预制构件制作与运输

[任务清单] 🔍

小组共同阅读理论知识，研讨、总结学习体会，完成以下考核任务清单。

任务描述

某工程构件为钢筋混凝土预制构件，运输起点是北京远通水泥制品有限公司构件厂，运输终点为北京市朝阳区朝阳北路与管庄路交叉口东南角常营三期剩余地块公共租赁住宅项目二标段工地现场，约80km。根据工程特点，主要采用公路用汽车进行构件的运输，所有本工程需要的钢筋混凝土预制构件在工厂制作验收合格后，于安装前一天运至施工现场进厂验收合格后码放整齐。

场外公路运输线路的选择应遵守《北京市道路交通管理规定》，要先进行路线勘测，合理选择运输路线，并对沿途具体运输障碍制定措施。构件进厂时间应在白天光线充足的时刻，以便对构件进行进厂外观检查。

对承运单位的技术力量和车辆、机具进行审验，并报请交通主管部门批准，必要时要组织模拟运输。在吊装作业前应由技术员进行吊装和卸货的技术交底。其中指挥人员、司索人员（起重工）和起重机械操作人员必须经过专业学习并接受安全技术培训，取得特种作业人员安全操作证。所使用的起重机械和起重机具都是完好的。

本项目在2号、3号住宅楼顶板、阳台板、空调板施工中采用了预制叠合板进行施工，楼梯为预制楼梯。具体如表1和表2所示。

表 1　运输对象

建筑单体	楼梯板	空调板	阳台板	顶层叠合板	预制梁	楼梯间隔层
2号、3号住宅楼	4～27层	5～27层	5～27层	4～26层	6～机房层	4～27层

表 2　每层构件参数

序号	部位	数量/块	尺寸种类	最大平面尺寸/m²	重量/t
1	顶层叠合板	8+6+9	6（6）	=2.7×5.35	=2.26
2	阳台板	7	2	=4.38×1.25	=0.68
3	空调板	4	2	=0.67×1.2	=0.13
4	楼梯板	2	1	=1.25×4.6	=5.02
5	楼梯间隔墙	1	1	=3.9×2.2	=3.34
6	楼梯隔墙梁	1	1	=4.6×0.7	=0.9
总计	—	36	11	—	—

项目 3　装配式混凝土预制构件存放与运输

考核任务清单

班级	姓名	学号

描述构件整个运输过程，包括预制构件装车与卸货、运输、安全管理、成品保护等。

1. 预制构件装车与卸货	（1） （2） （3） （4） （5）
2. 预制构件运输	（1） （2） （3） （4） （5）
3. 预制构件安全管理	（1） （2） （3） （4） （5）
4. 预制构件成品保护	（1） （2） （3） （4） （5）
补充说明	

151

[成绩考核]

自我评价及教师评价

	任务名称				
	姓名学号			班级组别	
序号	考核项目	分值	自我评定成绩	教师评定成绩	
1	态度认真，思想意识高	10			
2	遵守纪律，积极完成小组任务	20			
3	能够独立完成任务清单	40			
4	能够按时完成课程练习	15			
5	书写规范、完整	15			

任务总结：

组长评价：

教师评价：　　　　　　　评价时间：

项目 4
装配式混凝土预制构件质量和安全管理

知识目标

熟悉装配式混凝土预制构件前期准备、生产加工、成品检验等环节中进行质量检验；
掌握装配式混凝土预制构件的质量管理、安全生产管理以及预制构件的质量检验；
掌握预制构件的质量符合相关标准和规范要求，包括材料的选用、生产工艺、尺寸精度、强度等方面。

能力目标

能够进行预制构件的质量检验；
能够进行装配式混凝土结构构件的质量控制与验收；
具备装配式混凝土预制构件各个生产环节质量检查和安全生产的管理能力。

素质目标

具备实践操作能力，能够将所学知识应用于实际生活中，具备解决实际问题的能力；
严格执行行业有关标准、规范、规程和制度。

主要学习内容

任务 4.1 预制构件质量管理

为适应建筑产业现代化的发展需要,落实国务院《绿色建筑行动方案》的相关要求,各地都在大力推进装配式建筑产业。为了确保装配式建筑的工程质量,实现建设工程"百年大计,质量第一"的方针,建设行政管理部门、各参与企业和工程参与者必须共同思考以下关键问题:

1. 加强预制混凝土构件的质量管理:确保原材料选用符合标准、生产工艺规范、质量检验合格等方面的严格管理,提高构件的质量稳定性。

2. 提高预制构件的深化设计质量:在设计阶段就考虑到工程的实际情况和施工要求,确保构件的尺寸精度、强度等符合要求。

3. 加强各环节的质量控制:从构件生产、堆放、维修、运输、吊装到成品保护等环节,实施严格的质量控制措施,确保每个环节都符合标准和规范。

4. 明确各环节的主体责任:建立清晰的责任分工和管理机制,让每个参与方都明确自己的责任,从而提高整体质量管理水平。

通过以上措施,可以有效提升装配式建筑项目的工程质量,确保建设工程符合绿色建筑要求,实现"百年大计,质量第一"的目标,同时赢得社会和民众的信任和支持。

4.1.1 装配式混凝土建筑工程质量管理

建设工程质量管理是指在建设工程项目实施过程中,通过制定和执行一系列的质量管理措施和规范,以确保工程项目达到设计要求、技术标准和合同约定的要求,最终实现工程质量、安全、进度、成本等综合目标的管理活动。质量管理不仅关系工程建设的成败、进度的快慢、投资的多少,而且直接关系到国家财产和人民生命安全。因此,装配式混凝土建筑必须严格保证工程质量控制水平,确保工程质量安全。与传统的现浇混凝土结构工程相比,装配式混凝土结构工程在质量管理方面具有以下特点:

由于装配式混凝土建筑的主要结构构件和部件在工厂内加工,因此装配式混凝土建筑的质量管理工作从预制构件厂加工预制构件到建设项目现场安装都需要进行严格把控。建设单位、构件生产单位、监理单位应根据构件生产质量要求,在预制构件生产阶段即对预制构件生产质量进行控制。

工程质量更易于保证。由于采用标准化设计、工厂化生产和机械化拼装,构件的观感、尺寸偏差都比现浇结构更易于控制,避免了现浇结构质量通病的出现。因此,装配式混凝土建筑工程的质量更易于控制和保证。

设计更加精细化。对于设计单位而言,为降低工程造价,尽可能减少预制构件的规格、型号；由于深化设计考虑设计、生产、运输、安装等因素，各类水电管线、预埋件及预留孔洞等需提前在构件内预埋和预留，对施工图的精细化要求更高。因此，相对于传统的现浇结构工程，设计质量对装配式混凝土建筑工程的整体质量影响更大。设计人员需要进行更精细的设计，才能保证生产和安装的准确性。

信息化技术应用。随着互联网技术的不断发展，数字化管理宜成为装配式混凝土建筑质量管理的一项重要手段，尤其是 BIM 技术的应用，使质量管理过程更加透明、细致、可追溯。

1. 装配式混凝土建筑工程质量管理的依据

装配式混凝土建筑工程质量管理的依据主要包括国家标准和规范、设计文件、施工方案、材料和构件质量标准、质量管理体系、现场管理规范、监理和验收规定以及质量安全责任等方面的要求和规定。严格按照这些依据进行质量管理，可以有效保障装配式混凝土建筑工程的质量安全。

有关质量管理方面的法律法规、部门规章与规范性文件如下。

（1）法律：《中华人民共和国建筑法》《中华人民共和国民法典》《中华人民共和国招标投标法》《中华人民共和国节约能源法》《中华人民共和国消防法》等。

（2）行政法规：《建设工程质量管理条例》《建设工程安全生产管理条例》《民用建筑节能条例》等。

（3）部门规章：《建筑工程施工许可管理办法》《实施工程建设强制性标准监督规定》等。

（4）规范性文件。

随着近几年装配式混凝土建筑兴起，国家及地方针对装配式混凝土建筑工程制定了大量的标准。这些标准是装配式混凝土建筑质量控制的重要依据。我国质量标准分为国家标准、行业标准、地方标准和企业标准，国家标准的法律效力要高于行业标准、地方标准和企业标准。我国《装配式混凝土建筑技术标准》GB/T 51231—2016 为国家标准，《装配式混凝土结构技术规程》JGJ 1—2014 为行业标准，本教材以《装配式混凝土建筑技术标准》GB/T 51231—2016 的相关内容进行侧重编写。

工程合同文件：建设单位与设计单位签订的设计合同、与施工单位签订的安装施工合同、与生产厂家签订的构件采购合同都是装配式混凝土建筑工程质量控制的重要依据。

工程勘察设计文件：工程勘察包括工程测量、工程地质和水文地质勘察等内容。工程勘察成果文件为工程项目选址、工程设计和施工提供科学可靠的依据。

工程设计文件：工程设计文件包括经过施工图审查的设计图纸，图纸审查及答复文件，工程设计变更以及设计洽商、设计处理意见等。

2. 影响装配式混凝土结构工程质量的因素

影响装配式混凝土结构工程质量的因素很多，归纳起来主要有 5 个方面，即人员素质、工程材料、机械设备、制作方法和环境条件。

（1）人员素质

人是生产经营活动的主体，也是工程项目建设的决策者、管理者、操作者，工程建设的全过程都是由人来完成的。施工人员素质、管理人员水平、各参与方的配合程度等人为因素会对装配式混凝土结构工程的质量产生重要影响。如图4-1所示为技术工人进行构件吊装。

图4-1　技术工人进行构件吊装

人的素质将直接或间接决定着工程质量的好坏。装配式混凝土建筑工程由于批量化生产、机械化安装、安装精度高等特点，对人员的素质尤其是生产加工和现场施工人员的文化水平、技术水平及组织管理能力都有更高的要求，普通的农民工已不能满足装配式混凝土建筑工程的建设需要。因此，培养高素质的产业化工人是确保建筑产业现代化向前发展的必然条件。

预制构件工厂必须明确技术负责人和质量负责人的职责和权利。由技术负责人对技术和质量工作负总责。工厂技术负责人应具有10年以上从事工程施工技术或管理工作经历，具有工程序列高级职称或一级注册建造师执业资格。技术负责人应为全职，不得兼职。工厂质量负责人应具有5年以上从事工程施工质量管理工作经历，具有工程序列高级职称或注册监理工程师执业资格。质量负责人应为全职，不得兼职。工厂应具有工程序列中级以上职称人数不少于10人，专业应包括结构设计、施工、试验、物流安装等，其中设计人员应有注册结构工程师执业资格。工厂应对主要技术人员、管理人员和重要岗位的工作人员进行任职资格确认，有上岗要求的应持证上岗。工厂应制定教育、培训计划，对员工进行教育和培训。工厂应建立必要的人员档案，内容包括任职经历、教育背景、职称证书和教育培训记录等。除上述要求以外，对任职资格有专门规定的，还应符合相关的规定。

（2）工程材料

工程材料是指构成建筑工程实体的各类建筑原材料、构配件、半成品等，是预制构件加工制作的物质条件，是预制构件加工质量的基础。

装配式混凝土建筑是由预制混凝土构件或部件通过各种可靠的方式进行连接，并与现场后浇混凝土形成整体的混凝土结构。因此，与传统的现浇结构相比，预制构件、灌浆料及连接套筒的质量是装配式混凝土建筑质量控制的关键。预制构件混凝土强度、钢筋设置、规格尺寸是否符合设计要求、力学性能是否合格、运输保管是否得当、灌浆料和连接套筒的质量是否合格等，都将直接影响工程的使用功能、结构安全、使用安全乃至外表及观感等。

预制构件材料的选取将直接决定最后成品的质量，所选用的水泥、粗细骨料、拌合水、钢筋、外加剂、掺合料、灌浆套筒、连接件以及混凝土必须满足构件的加工制作要求。在施工前应按生产构件材料质量表，严格把控材料及构件的质量，对材料进行取样送检，满足条件后方可继续施工。

（3）机械设备

装配式混凝土建筑采用的机械设备可分为如下三类：第一类是指工厂内生产预制构件的工艺设备和各类机具，如各类模具、模台、布料机、蒸养室等，简称生产机具设备。如图4-2所示为预制构件蒸养室；第二类是指施工过程中使用的各类机具设备，包括大型垂直与横向运输设备、各类操作工具、各种施工安全设施，简称施工机具设备；第三类是指生产和施工中都会用到的各类测量仪器和计量器具等，简称测量设备。不论是生产机具设备、施工机具设备，还是测量设备都对装配式混凝土结构工程的质量有着非常重要的影响。

其中模具是制作预制构件的基础，如果模具的截面尺寸出现偏差，必然导致最后成品构件尺寸的偏差，造成财产损失，因此只有保障模具无误，才能出厂严标准、高精度的构件。

图4-2 预制构件蒸养室

常见的机械生产设备应至少包括混凝土生产设备、成型设备、固定养护设备和吊装设备。宜至少建成一条自动化流水生产线。生产设备、设施和机具应维护良好，运行可靠。工厂应对直接影响生产和预制构件质量的设备进行有效管理，主要包括：

1）建立并保存设备操作规程、使用记录；
2）建立设备维修保养计划和日常检查保养制度；
3）建立并保存设备使用说明书等档案。

计量设备应符合有关标准规定进行计量检定或校准，并应采用适宜的方法标明其计量检定或校准状态。

（4）制作方法

制作方法是指施工工艺、操作方法、施工方案等。在混凝土构件和部品加工时，为了保证构件和部品的质量或受客观条件制约需要采用特定的加工工艺，不适合的加工工艺可能会造成构件质量的缺陷、生产成本增加或工期拖延等；现场安装过程中，吊装顺序、吊装方法的选择都会直接影响安装的质量。装配式混凝土结构的构件主要通过节点连接，因此，节点连接部位的施工工艺是装配式结构的核心工艺，对结构安全起决定性影响。采用新技术、新工艺、新方法，不断提高工艺技术水平，是保证工程质量稳定提高的重要因素。

其中混凝土浇筑与振捣的质量直接影响预制构件成品的质量，预制构件加工中应全程把握混凝土浇筑工艺和质量，前期落实好各项检测工作，一般由厂家自检合格后，由驻场技术人员负责验收把控质量。验收具体包括：预埋构件、接驳器、套筒等，检验材料的合格证、备案证明，之后方可浇筑。

生产工艺、生产设备、设施和机具的数量及其性能应符合工厂的生产规模、预制构件生产特点和质量要求，并应符合环境保护和安全生产要求。

（5）环境条件

环境条件是指对工程质量特性起重要作用的环境因素，包括自然环境，如工程地质、水文、气象等；作业环境，如施工作业面大小、防护设施、通风照明和通信条件等；工程管理环境，主要是指工程实施的合同环境与管理关系的确定，组织体制及管理制度等；周边环境，如工程邻近的地下管线、建（构）筑物等。环境条件往往对预制构件的工程质量产生特定的影响。

预制构件工厂的总体布局应合理。厂区应符合环境整洁、道路平整的要求。厂房和生产车间应能满足生产要求，并应有良好的采光和通风条件，厂房和生产车间应维护良好。各种设备、设施和机具等应布置合理，各类物品应堆放有序。各类储仓应维护良好，运行可靠，无明显的锈蚀和污损。各类堆场应平整、分隔清晰。堆场宜采用硬地坪，并应有可靠的排水系统，各类堆场不得有积水和汤尘。工厂应通过环境评价和审核批准，对生产时产生的噪声、粉尘和污水排放等应有处理措施。对生产过程中产生的废弃物，工厂应有回收利用或合理处置的措施。

3. 装配式混凝土建筑工程各阶段的质量管理

装配式混凝土建筑工程质量管理的组成阶段，从工程项目建设阶段忙看，可以分解为不同阶段，不同的建设阶段对工程项目质量的形成起着不同的作用和影响。

（1）预制构件生产阶段

装配式混凝土建筑是由预制混凝土构件通过可靠的连接方式装配而成的混凝土结构。因此，预制构件的生产质量直接关系到整体建筑结构的质量与使用安全，如图 4-3 所示为预制构件在车间加工。

（2）工程施工阶段

工程施工是指按照设计图纸和相关文件的要求，在建设场地上将设计意图付诸实施的测量、各工序作业、检验，形成工程实体建成最终产品的过程。因此，工程施工活动决定了设计意图能否体现，直接关系到工程的安全可靠、使用功能的保证，以及外表观感能否体现建筑设计的艺术水平。在一定程度上，工程施工是形成实体质量的决定性环节。

图 4-3　预制构件在车间加工

（3）工程竣工验收阶段

工程竣工验收就是对工程施工质量通过检查评定，考核施工质量是否达到设计要求；是否符合决策阶段确定的质量目标和水平，并通过工程竣工验收进而保证最终产品的质量。

建设工程的每个阶段都对工程质量的形成起着重要的作用。因此对装配式混凝土建筑质量必须进行全过程控制，要把质量控制落实到建设周期的每一个环节。

4.1.2　预制构件生产阶段的质量管理与验收

为了提高预制构件工厂生产的产品质量，降低生产过程中的成本，以及确保预制构件在现场安装中实现无缝连接，应将预制构件工厂生产作为监理工作的管控重点。通过对施工前准备、施工质量控制以及成品保护等阶段的全面的质量把控，旨在为预制装配式构件生产的各方面提供有力的保障。预制构件工厂应制定质量保证体系，质量保证体系应通过第三方的认证。工厂应确保质量保证体系有效实施。

1. 预制构件生产制度管理

对预制构件厂商资格进行审查，协助建设单位选取最优的供应商是非常重要的一步。主要审核预制构件厂家的营业执照、生产许可证、所具备的生产规模、业绩水平以及预制构件的试验室等级等。

对预制构件生产厂商的生产施工方案与进度方案进行审查，方案主要包括：材料进厂验收方案、生产施工质量控制、产品验收合格标准；生产、验收、供应等不同阶段的进展是否满足实际施工时的要求。

（1）设计交底与会审

预制构件生产前，应由建设单位组织设计、生产、施工单位进行设计文件交底和会审。当原设计文件深度不够，不足以指导生产时，需要生产单位或专业公司另行制作加工详图。如加工详图与设计文件意图不同时，应经原设计单位认可。加工详图包括：预制构件模板图、配筋图；满足建筑、结构和机电设备等专业要求和构件制作、运输、安装等环节要求的预埋件布置图；面砖或石材的排版图，夹芯保温外墙板内外叶墙拉结件布置图和保温板排版图等。

（2）生产方案

预制构件生产前应编制生产方案，生产方案宜包括生产计划及生产工艺，模具方案及计划，技术质量控制措施，成品存放，运输和保护方案等。必要时，应对预制构件脱模、吊运、存放、翻转及运输等工况进行计算。预制构件和部品生产中采用新技术、新工艺、新材料、新设备时，生产单位应制定专门的生产方案；必要时进行样品试制，经检验合格后方可实施。

（3）首件验收制度

预制构件生产宜建立首件验收制度。首件验收制度是指结构较复杂的预制构件或新型构件首次生产或间隔较长时间重新生产时，生产单位需会同建设单位、设计单位、施工单位、监理单位共同进行首件验收，重点检查模具、构件、预埋件混凝土浇筑成型中存在的问题，认定该批预制构件生产工艺是否合理，质量能否得到保障，共同验收合格之后方可批量生产。

（4）原材料检验

预制构件的原材料质量，钢筋加工和连接的力学性能，混凝土强度，构件结构性能，装饰材料、保温材料及拉结件的质量等均应根据国家现行有关标准进行检查和检验，并应具有生产操作规程和质量检验记录。

（5）构件检验

预制构件的质量评定应根据钢筋、混凝土、预应力、预制构件的试验、检验资料等项目进行。当上述各检验项目的质量均合格时，方可评定为合格产品。检验时对新制或改制后的模具应按件检验，对重复使用的定型模具、钢筋半成品和成品应分批随机抽样检验，对混凝土性能应按批检验。模具、钢筋、混凝土、预制构件制作、预应力施工等质量，均应在生产班组自检、互检和交接检的基础上，由专职检验员进行检验。

（6）构件表面标识

预制构件和部品经检查合格后，宜设置表面标识。预制构件的表面标识宜包括构件编号、制作日期、合格状态、生产单位等信息。如图4-4所示为墙板构件表面标识。

（7）质量证明文件

预制构件和部品出厂时，应出具质量证明文件。目前，有些地方的预制构件生产实行监理驻厂监造制度，应根据各地方技术发展水平细化预制构件生产全过程监测制度，驻厂监理应在出厂质量证明文件上签字。

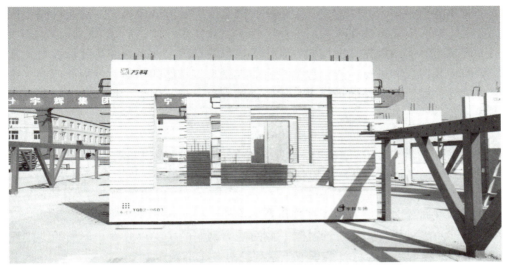

图4-4 墙板构件表面需要标识

2. 预制混凝土构件生产质量控制

生产过程的质量控制是预制构件质量控制的关键环节，需要做好生产过程各个工序的质量控制、隐蔽工程验收、质量评定和质量缺陷的处理等工作。预制构件生产企业应配备满足工作需求的质检员，质检员应具备相应的工作能力并经业务考核测评合格。

在预制构件生产之前，应对各工序进行技术交底，上道工序未经检查验收合格，不得进行下道工序。混凝土浇筑前，应对模具组装、钢筋及网片安装、预留及预埋件布置等内容进行检查验收。工序检查由各工序班组自行检查，检查数量为全数检查，并做好相应的检查记录。

（1）模具组装的质量检查

预制构件生产应根据生产工艺、产品类型等制定模具方案，应建立健全模具验收、使用制度。模具应具有足够的强度、刚度和整体稳固性，并应符合下列规定：

①模具应装拆方便，并应满足预制构件质量、生产工艺和周转次数等要求。

②结构造型复杂、外形有特殊要求的模具应制作样板，经检验合格后方可批量制作。

③模具各部件之间应连接牢固，接缝应紧密，附带的埋件或工装应定位准确，安装牢固。

④用作底模的台座、胎模、地坪及铺设的底板等应平整光洁，不得有下沉、裂缝、起砂和起鼓。

⑤模具应保持清洁，涂刷脱模剂、表面缓凝剂时应均匀、无漏刷、无堆积，且不得沾污钢筋，不得影响预制构件外观效果。

⑥应定期检查侧模、预埋件和预留孔洞定位措施的有效性；应采取防止模具变形和锈蚀的措施；重新启用的模具应检验合格后方可使用。

⑦模具与平模台间的螺栓、定位销、磁盒等固定方式应可靠，防止混凝土振捣成型时造成模具偏移和漏浆。

模具组装前，首先需根据构件制作图核对模具的尺寸是否满足设计要求，其次对模板几何尺寸进行检查，包括模板与混凝土接触面的平整度、板面弯曲、拼装接缝等，最后对模具的观感进行检查，接触面不应有划痕、锈渍和氧化层脱落等现象。

（2）钢筋成品、钢筋桁架的质量检查

钢筋宜采用自动化机械设备加工。使用自动化机械设备进行钢筋加工与制作，可减少钢筋损耗且有利于质量控制，预制加工厂条件允许时，尽量采用。

钢筋连接除应符合现行国家标准《混凝土结构工程施工规范》GB 50666—2011 的有关规定外尚应符合下列规定：

①钢筋接头的方式、位置、同一截面受力钢筋的接头百分率、钢筋的搭接长度及锚固长度等应符合设计要求或国家现行有关标准的规定。

②钢筋焊接接头、机械连接接头和套筒灌浆连接接头均应进行工艺检验，试验结果合格后方可进行预制构件生产。

③螺纹接头和半灌浆套筒连接接头应使用专用扭力扳手拧紧至规定扭力值。

④钢筋焊接接头和机械连接接头应全数检查外观质量。

⑤焊接接头、钢筋机械连接接头、钢筋套筒灌浆连接接头力学性能应符合现行相关标准的规定。

钢筋半成品、钢筋网片、钢筋骨架和钢筋桁架检查合格后方可进行安装，并应符合下列规定：

①钢筋表面不得有油污，不应严重锈蚀。

②钢筋网片和钢筋骨架宜采用专用吊架进行吊运。

③混凝土保护层厚度应满足设计要求。保护层垫块宜与钢筋骨架或网片绑扎牢固，按梅花状布置，间距满足钢筋限位及控制变形要求，钢筋绑扎丝甩扣应弯向构件内侧。

（3）隐蔽工程验收

在混凝土浇筑之前，应对每块预制构件进行隐蔽工程验收，确保其符合设计要求和规范规定。企业的质检员和质量负责人负责隐蔽工程验收，验收内容包括原材料抽样检验和钢筋、模具、预埋件、保温板及外装饰面等工序安装质量的检验。原材料的抽样检验按照前述要求进行，钢筋、模具、预埋件、保温板及外装饰面等各安装工序的质量检验按照前述要求进行。

隐蔽工程验收的范围为全数检查，验收完成应形成相应的隐蔽工程验收记录，并保留存档。

PC 构件制作的各个环节进行依据和准备、相关人员质量把关、过程控制、结果检验这四个环节的控制。如表 4-1 和表 4-2 所示为 PC 构件制作各环节全过程质量控制要点和构件质量检验项目一览表。

表 4-1　PC 构件制作各环节全过程质量控制要点

序号	环节	依据或准备		相关岗位人员把关		过程控制		结果检查	
		事项	责任岗位	事项	责任岗位	事项	责任岗位	事项	责任岗位
1	材料与配件采购、入厂	（1）依据设计和规范要求制定采标准（2）制定验收程序（3）制定保管标准	技术负责人	进厂验收、检验	质检员、试验员、保管员	检查是否按要求保管	保管员、质检员	材料使用中是否有问题	质检
2	套筒灌浆实验	（1）依据规范和标准准备试验器材（2）准备试验材料（3）制定工艺操作规程	技术负责人、试验员	（1）进厂验收（包括外观、质量、标识和尺寸偏差、质保资料）（2）接头工艺检验（3）灌浆料试件检验	保管员、技术负责人、质量负责人、试验员	检查是否按工艺检验要求进行试验、养护	保管员、技术负责人、质量负责人、试验员	套筒工艺检验结果满足规范的要求；投入生产后，按规范要求的批次和检查数量进行连接、接头抗拉强度试验	技术负责人、质量负责人、驻厂监理
3	模具制作	（1）编制《模具设计要求》给模具厂或本厂模具车间（2）设计模具生产制造图（3）审查、复核模具设计图	模具制造厂家技术负责人、构件厂技术负责人	（1）模具进厂验收（2）该模具首个构件检查验收	质量负责人、质检员	每次组模后检查，合格后才能浇筑混凝土	技术负责人、质量负责人、质检员	每次构件脱模后检查构件外观和尺寸，出现质量问题如果与模具有关，必须经过修理合格后才能继续使用	质检员、生产负责人、技术负责人
4	模具清理、组装	（1）图样（2）编制操作规程（3）培训工人（4）准备工具（5）制定检验标准	技术负责人、生产负责人、操作者、质检员	模具清理是否到位、组装是否正确、螺栓是否扭紧	生产负责人、操作者、质检员	组模后检查、浇筑混凝土过程检查	生产负责人、操作者、质量负责人	每次构件脱模后检查构件外观和尺寸、埋件位置等，发现质量问题及时进行调整	操作者、质检员

续表

序号	环节	依据或准备		相关岗位人员把关		过程控制		结果检查	
		事项	责任岗位	事项	责任岗位	事项	责任岗位	事项	责任岗位
5	脱模剂或缓凝剂	(1)依据标准、图样 (2)做试验、编制操作规程 (3)培训工人	技术负责人、试验员、质量负责人	试用脱模剂或缓凝剂做试验样板	技术负责人、生产负责人、质量负责人	(1)脱模剂按要求涂刷均匀 (2)缓凝剂按要求位置和剂量涂	质量负责人、操作者	每次构件脱模后检查构件外观或表面冲洗后粗糙面情况,发现质量问题及时进行调整	操作者、质检员
6	装饰面层铺设或制作	(1)依据图样、标准、规范 (2)依据安全钩拉结件大样图 (3)编制操作规程 (4)培训工人	技术负责人、生产负责人、质量负责人	(1)半成品加工 (2)装饰面层试铺设	技术负责人、生产负责人、质量负责人	(1)半成品加工过程质量控制 (2)隔离剂涂抹情况 (3)拉结件安放情况 (4)装饰面层铺设后检查位置、尺寸、缝隙	生产负责人、质量负责人、操作者	每次构件脱模后检查饰面外观和表面成型状态,发现质量问题及时进行调整;是否有破损、污染	操作者、质检员
7	钢筋制作与入模	(1)依据图样 (2)编制操作规程 (3)准备工器具 (4)培训工人 (5)制定检验标准	技术负责人、生产负责人、质量负责人	钢筋下料和成型半成品检查	操作者、质检员	钢筋骨架绑扎检查;钢筋架入模检查;连接钢筋、加强钢筋和保护层检查	操作者、质检员	复查伸出钢筋的外露长度和中心位置	技术负责人、操作者、质量负责人、驻厂监理
8	套筒试验	(1)依据规范和标准 (2)准备试验器材 (3)制定操作规程、标准	技术负责人、试验员	具备型式检验报告、工艺检测合格报告	技术负责人、实验员、质量负责人	检查是否按规范要求的检查数量、批次,试验;当更换钢筋生产企业或同企业生产的钢筋外形、尺寸出现较大差异时,应再次进行工艺检验	技术负责人、实验员、质量负责人	套筒是否符合抗拉强度要求;检验合格后方能投入使用	技术负责人、操作者、质量负责人、驻厂监理
9	套筒、预埋件等固定	(1)依据图样 (2)编制操作规程 (3)培训工人 (4)制定检验标准	技术负责人	进厂验收与检验;首次试安装	技术负责人、操作者、质量负责人	是否按图样要求安装套筒和预埋件;半灌浆套筒与钢筋连接检验	技术负责人、质量负责人	脱模后进行外观尺寸检查;套筒进行透光检查;对导致问题的环节进行整改	操作者、质检员、驻厂监理

续表

序号	环节	依据或准备		相关岗位人员把关		过程控制		结果检查	
		事项	责任岗位	事项	责任岗位	事项	责任岗位	事项	责任岗位
10	门窗固定	(1)依据图样 (2)编制操作规程 (3)培训工人 (4)制定检验标准	技术负责人	(1)外观与尺寸检查 (2)检查规格型号 (3)对照样块	技术负责人、生产负责人、质量负责人	(1)是否正确预埋门窗框,包括规格、型号、开启方向、埋入深度、锚固件等 (2)定位和保护措施是否到位	质检员、技术负责人、生产负责人	脱模后进行外观复查,检查门窗框安装是否符合允许偏差要求、成品保护是否到位	制作车间负责人、质检员、技术负责人、操作者
11	混凝土浇筑	(1)混凝土配合比试验 (2)混凝土浇筑操作规程及其技术交底 (3)混凝土计量系统校验 (4)混凝土配合比通知单下达	实验室技术负责人、质检员	(1)隐蔽工程验收 (2)模具组对合格验收 (3)混凝土搅拌浇筑指令下达	质检员	(1)混凝土搅拌质量 (2)提取制作混凝土强度试块 (3)混凝土运输、浇筑时间控制 (4)混凝土人模与振捣质量控制 (5)混凝土表面处理质量控制	操作者、质检员、实验员	脱模后进行表面缺陷和尺寸检查。有问题进行处理,并制定下一次制作的预防措施贯彻执行	技术负责人、操作者、质量负责人、驻厂监理
12	夹芯保温板制作	(1)依据图样 (2)编制操作规程 (3)培训工人 (4)制定检验标准	技术负责人	(1)保温材料和拉结件进厂验收 (2)样板制作	作业工段负责人、质检员	是否按照图样、操作规程要求埋设保温拉结件和铺设保温模板	作业工段负责人、质检员	脱模后进行表面缺陷检查。有问题进行处理,并制定下一次制作的预防措施贯彻执行	制作车间负责人、质检员、技术负责人
13	混凝土养护	(1)工艺要求 (2)制定养护曲线 (3)编制操作规程 (4)培训工人	技术负责人	前道作业工序已完成并完成预养护;温度记录	作业工段负责人、质检员	是否按照操作规程要求进行养护;试块试压	作业工段负责人	拆模前表观检查,有问题进行处理,并制定下一次养护的预防措施贯彻执行	制作车间负责人、质检员、技术负责人

续表

序号	环节	依据或准备		相关岗位人员把关		过程控制		结果检查	
		事项	责任岗位	事项	责任岗位	事项	责任岗位	事项	责任岗位
14	脱模	(1)技术部通知 (2)准备吊运工具和支承器材 (3)制定操作规范 (4)培训工人	技术负责人、作业工段负责人	同条件试块强度、吊点同边混凝土表观检查	实验员、技术负责人、质检员	是否按照图样和操作规程要求进行脱模；脱模初检	操作者、质检员	脱模后进行表面缺陷检查。有问题进行处理，并制定一次制作的预防措施贯彻执行	制作车间负责人、质检员、技术负责人
15	厂内运输、堆放	(1)依据图纸 (2)制定堆放方案 (3)准备吊运和支承器材 (4)制定操作规程 (5)培训工人	技术负责人、作业工段负责人、生产负责人	运输车辆、道路情况	操作者、生产车间负责人	是否按照堆放方案和操作规程进行构件的运输和堆放	质检员、技术负责人、作业工段负责人	对运输和堆放后的构件进行复检，合格产品标识	质量负责人、作业工段负责人
16	修补	(1)依据规范和标准 (2)准备修补材料 (3)制定操作规程	技术负责人、作业工段负责人	一般缺陷或严重缺陷允许修复的严重缺陷应报原设计单位认可	质检员、技术负责人	是否按技术方案处理；重新检查验收	质检员、作业工段负责人、技术负责人	修补后表观质量检查；制定下一次制作的预防措施贯彻执行	制作车间负责人、质检员、技术负责人
17	出厂检验、档案与文件归档	制定出厂检验标准、出厂检验操作规程；制定档案和文件的归档标准；固化归档流程	技术负责人、资料员	明确保管场所、技术资料专人管理	技术负责人	各部门分别收集和保管技术资料	各部门	满足质量要求的构件准予出厂；将各部门收集的技术资料归档	质量负责人、资料员
18	装车、出厂、运输	依据图样、规范和标准，制定运输方案；实际路线踏勘；大型构件的运输和码放应有质量保证措施；编制操作规范	技术负责人、运输单位负责人	核实构件编号；目测构件外观状态；检查检验合格标识记录	作业工段负责人、质检员	是否按照运输方案和操作规程执行；二次驳运环节的部位要及时处理；标识是否清楚	质检员、作业工段负责人	运输至现场，办理构件交予手续	作业工段负责人

表 4-2　PC 构件质量检验项目一览表

环节	类别	项目	检验内容	依据	性质	数量	检查方法
材料进厂检验	1. 灌浆套筒	（1）外观检查	是否有缺陷和裂缝、尺寸误差等	《钢筋套筒灌浆连接应用技术规程》JGJ 355—2015（2023年版）、《钢筋连接用灌浆套筒》JG/T 398—2019	一般项目	抽检	观察、尺检查
		（2）抗拉强度试验	钢筋套筒灌浆连接接头的抗拉强度不应小于连接钢筋抗拉强度标准值，且破坏时应断于接头外钢筋	《钢筋套筒灌浆连接应用技术规程》JGJ 355—2015（2023年版）、《钢筋连接用灌浆套筒》JG/T 398—2019	主控（强制性规定）	抽检	用灌浆料连接受力钢筋达到强度后进行抗拉强度试验
	2. 水泥	（1）细度	负筛分析法、水筛法、手工筛析法	《通用硅酸盐水泥》GB 175—2023	一般项目	每 500t 抽样一次	《水泥细度检验方法筛析法》GB/T 1345—2005
		（2）比表面积	透气试验				《水泥比表面积测定方法勃氏法》GB/T 8074—2008
		（3）凝结时间	初凝及终凝试验				《水泥标准稠度用水量、凝结时间、安定性检验方法》GB/T 1346—2011
		（4）安定性	沸煮法试验				
		（5）抗压强度	3d、28d 抗压强度				《水泥胶砂强度检验方法》GB/T 17671—2021
	3. 细骨料	（1）颗粒级配	测定砂的颗粒级配，计算砂的细度模数，评定砂的粗细程度	《普通混凝土用砂、石质量及检验方法标准》JGJ 52—2006	一般项目	每 500m³ 抽样一次	《建设用砂》GB/T 14684—2022
		（2）表观密度	砂颗粒本身单位体积质量				
		（3）含泥量、泥块含量	测定砂中的泥及含土量				

续表

环节	类别	项目	检验内容	依据	性质	数量	检查方法
材料进厂检验	4. 粗骨料	(1) 颗粒级配	测定石子的颗粒级配，计算石子的细度模数，评定石子的粗细程度	《普通混凝土用砂、石质量及检验方法标准》JGJ 52—2006	一般项目	每500m³抽样一次	《建筑用卵石、碎石》GB/T 14685—2022
		(2) 表观密度	石子颗粒本身单位的质量				
		(3) 含泥量、泥块含量、针片状颗粒含量	测定石子中的针片状颗粒含量，含泥及含土量				
		(4) 压碎	强度检验				
	5. 搅拌用水	pH值、不溶物、氯化物、硫酸盐	饮用水不用检验，采用中水、搅拌站清洗水、施工现场循环水等其他水源时，应对其成分进行检验	《混凝土用水标准》JGJ 63—2006	一般项目	同一水源检查不应少于一次	《混凝土用水标准》JGJ 63—2006
	6. 外加剂	主要性能	减水率、含气量、抗压强度比，对钢筋无锈蚀危害	《混凝土外加剂》GB 8076—2008 和《混凝土外加剂应用技术规范》GB 50119—2013 的规定	一般项目	按同一厂家、同一品种、同一性能、同一批号且连续进厂的混凝土外加剂，不超过50t为一批，每批抽样数量不应少于一次	《混凝土外加剂》GB 8076—2008
	7. 混合料（粉煤灰、矿渣、硅灰等混合料）	粉煤灰	细度、蓄水量	材料出厂合格证	一般项目	同一厂家、同一品种、同一批次 200t为一批	检查质量证明文件和抽样检验报告
		矿渣	细度、强度			200t为一批	
		硅灰	细度、强度、蓄水量			30t为一批	

续表

环节	类别	项目	检验内容	依据	性质	数量	检查方法
材料进厂检验	8.钢筋	一级钢、二级钢、三级钢、直径、重量	屈服强度、抗拉强度、伸长率、弯曲性能和重量偏差检验	材料出厂材质单	一般项目	每600t检验一次	《钢筋混凝土用钢 第1部分：热轧光圆钢筋》GB 1499.1—2024、《钢筋混凝土用钢 第2部分：热轧带肋钢筋》GB 1499.2—2024、《钢筋混凝土用余热处理钢筋》GB/T 13014—2013、《钢筋焊接 第3部分：钢筋焊接网》GB/T 1499.3—2022、《冷轧带肋钢筋》GB 13788—2024
	9.钢绞线	直径、重量	拉伸试验	材料出厂材质单	主控项目	每60t检验	《钢及钢产品 交货一般技术要求》GB/T 17505—2016
	10.钢板、型钢	长度、厚度、重量	等级、重量	材料出厂材质单	主控项目	每60t检验	量尺、检厅
	11.预埋螺母、预埋螺栓、吊钉	直径、长度、镀锌	外形尺寸符合PC预埋件图样要求；表面质量：表面不应出现锈皮及凹眼可见的锈蚀麻坑、油污及其他损伤，焊接良好，不得有咬肉、夹渣	材料出厂材质单	一般项目	抽样	按照PC预埋件作图样进行检验
	12.拉结件	(1)锚固	在混凝土中的锚固长度	材料出厂材质单	主控项目	抽样	量尺
		(2)抗拉强度	拉伸试验	材料出厂材质单			试验室做试验
		(3)抗剪强度	拉伸试验	材料出厂材质单			试验室做试验
	13.保温材料	挤塑板、基苯乙烯、酚醛板	外观质量、外表尺寸、黏附性能、阻燃性、耐温性、耐高温、耐低温、耐候性、腐蚀性、高低温黏附性能、材料密度试验、热导率试验	材料出厂材质单	一般项目	抽样	试验室做试验

续表

环节	类别	项目	检验内容	依据	性质	数量	检查方法
材料进厂检验	14. 建筑、装饰一体化构件用到建筑、装饰材料（如门窗、石材等）	外观尺寸、质量	门窗检验气密性、水密性、抗风压性能，石材等检验表面光洁度、外观质量、尺寸	材料出厂材质单	一般项目	抽样	抽样检验
制作过程	1. 钢筋加工	钢筋型号、直径、长度、加工精度	检验钢筋型号、直径、长度、弯曲角度	《钢筋混凝土用钢 第2部分：热轧带肋钢筋》GB/T 1499.2—2024	主控项目	全数	对照图样进行检验
	2. 钢筋安装	安装位置、保护层大小	按制作图样检验	《钢筋混凝土用钢 第2部分：热轧带肋钢筋》GB 1499.2—2024	主控项目	全数	按照图样要求进行安装
	3. 伸出钢筋	位置、钢筋直径、伸出长度的误差	按制作图样检验	《钢筋混凝土用钢 第2部分：热轧带肋钢筋》GB 1499.2—2024	主控项目	全数	对照图样进行检验
	4. 套筒安装	套筒直径、套管位置及注浆孔是否通畅	检验套管是否按照图样安装	对照图样	主控项目	全数	对照图样进行检验、目测
	5. 预埋件安装	预埋件型号、位置	安装位置、型号、埋件长度位置	制作图样	主控项目	全数	对照图样用尺测量
	6. 预留孔洞	安装孔、预留孔	位置、大小	制作图样	主控项目	全数	对照图样用尺测量
	7. 混凝土拌合物	混凝土配合比	混凝土搅拌过程中检验	《混凝土结构工程施工质量验收规范》GB 50204—2015	主控项目	全数	试验室人员全程跟踪检验
	8. 混凝土强度	试块强度、构件强度	同批次试块强度、构件回弹强度	《混凝土结构工程施工质量验收规范》GB 50204—2015	主控项目	100m取样不少于一次	试验室力学检验、回弹仪

续表

环节	类别	项目	检验内容	依据	性质	数量	检查方法
制作过程	9. 脱模强度	混凝土构件脱模前强度	检验在同期条件下制作及养护的试块抗压强度	《混凝土结构工程施工质量验收规范》GB 50204—2015	一般项目	不少于1组	试验室力学试验
	10. 混凝土其他力学性能	抗拉、抗折、静力受压、表面硬度	同批次生产构件用混凝土取样，在试验室做试验	《混凝土物理力学性能试验方法标准》GB/T 50081—2019	主控项目	抽查	试验室力学试验
	11. 养护	时间、温度	查看养护时间及养护温度	根据工厂制定出的养护方案	一般项目	抽查	记时及测温检查
	12. 表面处理	污染、掉角、裂缝	检验构件表面是否有污染或棱角掉角	工厂制定构件验收标准	一般项目	全数	目测
构件检测	1. 套筒	位置误差	型号、位置、注浆孔是否堵塞		主控项目	全数	插入模拟的伸出钢筋检验模板
	2. 伸出钢筋	位置、直径、种类、伸出长度	型号、位置、长度	制作图样	主控项目	全数	尺量
	3. 保护层厚度	保护层厚度	检验保护层厚度是否达到图样要求	制作图样	主控项目	抽查	保护层厚度检测仪
	4. 严重缺陷	纵向受力钢筋、主要受力部位有蜂窝、孔洞、夹渣、疏松、裂缝	检验构件外观	制作图样	主控项目	全数	目测
	5. 一般缺陷	有少量露筋、蜂窝、孔洞、夹渣、疏松、裂缝	检验构件外观	制作图样	一般项目	全数	目测
	6. 尺寸偏差	检验构件外观	检验构件尺寸是否与图样要求一致	制作图样	一般项目	全数	用尺测量

续表

环节	类别	项目	检验内容	依据	性质	数量	检查方法
构件检测	7. 受弯构件结构性能	承载力、挠度、裂缝	承载力、挠度、抗裂、裂缝宽度	《混凝土结构工程施工质量验收规范》GB 50204—2015	主控项目	1000件不超过3个月的同类型产品为一批	构件整体受力试验
	8. 粗糙面	粗糙度	预制板粗糙面凹凸深度不应小于4mm，预制梁端、预制柱端，预制墙端粗糙面凹凸深度不应小于6mm，粗糙面的面积不宜小于结合面的80%	《混凝土结构设计标准》GB 50010—2010（2024年版）	一般项目	全数	目测及尺量
	9. 键槽	尺寸误差	位置、尺寸、深度	图样与《装规》	一般项目	抽查	目测及尺量
	10.PC外墙端板淋水	渗漏	淋水试验应满足下列要求：淋水流量不应小于5L/（m·min），淋水试验时间不应少于2h，检测区域不应有遗漏部位。淋水试验结束后，检查背水面有无渗漏		一般项目	抽查	淋水检验
	11. 构件标识	构件标识	标识上应注明构件编号、生产日期、使用部位、混凝土强度、生产厂家等	按照构件编号、生产日期等	一般项目	全数	逐一对标识进行检查

3. 预制构件成品的出厂质量检验

预制构件脱模后，应对其外观质量和尺寸进行检查验收。外观质量不宜有一般缺陷，不应有严重缺陷。对于已经出现的一般缺陷，应进行修补处理，并重新检查验收；对于已经出现的严重缺陷，修补方案应经设计、监理单位认可之后进行修补处理，并重新检查验收。预制构件叠合面的粗糙度和凹凸深度应符合设计及规范要求。如图 4-5 所示为预制楼梯构件。

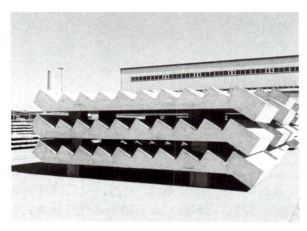

图 4-5　预制楼梯构件

预制混凝土构件成品出厂质量检验是预制混凝土构件质量控制过程中最后的环节，也是关键环节。预制混凝土构件出厂前应对其成品质量进行检查验收，合格后方可出厂。

（1）预制构件资料

预制构件的资料应与产品生产同步形成、收集和整理，归档资料宜包括以下内容：

①预制混凝土构件加工合同。
②预制混凝土构件加工图纸，设计文件，设计洽商、变更或交底文件。
③生产方案和质量计划等文件。
④原材料质量证明文件、复试试验记录和试验报告。
⑤混凝土试配资料。
⑥混凝土配合比通知单。
⑦混凝土开盘鉴定。
⑧混凝土强度报告。
⑨钢筋检验资料、钢筋接头的试验报告。
⑩模具检验资料。
⑪预应力施工记录。
⑫混凝土浇筑记录。
⑬混凝土养护记录。
⑭构件检验记录。

⑮构件性能检测报告。

⑯构件出厂合格证。

⑰质量事故分析和处理资料。

⑱其他与预制混凝土构件生产和质量有关的重要文件资料。

（2）质量证明文件

预制构件交付的产品质量证明文件应包括以下内容：

①出厂合格证。

②混凝土强度检验报告。

③钢筋套筒等其他构件。

④钢筋连接类型的工艺检验报告。

⑤合同要求的其他质量证明文件。

预制构件完成后，应对成品采取恰当的保护措施，防止构件因受到损害而造成质量下降。如 PC 构件中的阳台板、门窗框、楼梯板等边角均采用包角保护。搁置瓷砖等预制构件材料时，下方应铺设隔离木板等材料，同时应铺设盖板进行保护。对于设置在露天的预埋铁件等构件，应加强防锈措施。预制构件中带孔类预埋件均应塞设海绵棒等防潮装备。预制构件进厂后，按照构件的规模、品种、批号等进行分类堆放，堆放在物料场时先运输的构件应该放置在离吊装设备近的位置。

预制构件的工业化生产是一个标准化流程，每个工艺、每个步骤都有自己的质量标准及验收标准，生产模式已固定。提高生产水平需要着重关注以下几点：

（1）人员素质：加工劳务人员的加工水平、工作效率是影响质量和产能的原因之一。

（2）厂内管理力度：管理员要严格按照质量验收标准进行检查验收，管理要到位，定期对工人开展培训工作，将标准化落实。

（3）构件养护：构件的预养护及堆垛养护要按标准化流程进行，保证构件的拆模及出厂强度，避免生产过程中裂缝的产生。合理安排生产计划，转换层施工问题完全解决前避免大面积生产，问题解决完成后方可大面积进行，避免构件整改过多，费时费力。

随着预制装配式技术的不断成熟，其在城市现代化建设过程中应用领域也会愈来愈广泛，预制构件的质量将在建筑建造中起到关键作用。通过对工厂预制构件的前期准备、中期检查和后期保护，尽可能地对构件预制的全生命周期进行质量监控，为后期装配式建筑的顺利施工提供有力保障。

项目4　装配式混凝土预制构件质量和安全管理

[任务清单] 🔍

小组共同阅读理论知识，研讨、总结学习体会，完成以下考核任务清单。

考核任务清单

班级	姓名	学号

一、填空题

1. 影响装配式混凝土结构工程质量的因素很多，归纳起来主要有五个方面，即（　　　）、（　　　）、（　　　）、（　　　）和（　　　）。

2. 装配式混凝土建筑采用的机械设备可分为三类：（　　　）、（　　　）、（　　　）。

二、简答题

1. 什么是首件验收制度？

2. 预制构件原材料质量检查有哪些内容？

3. 如何进行预制构件生产阶段的质量管理与验收？

[成绩考核]

自我评价及教师评价

任务名称				
姓名学号			班级组别	
序号	考核项目	分值	自我评定成绩	教师评定成绩
1	态度认真，思想意识高	10		
2	遵守纪律，积极完成小组任务	20		
3	能够独立完成任务清单	40		
4	能够按时完成课程练习	15		
5	书写规范、完整	15		

任务总结：

组长评价：

教师评价：　　　　　　　　　　评价时间：

任务 4.2　安全管理与文明生产

4.2.1　安全管理要点

1. 预制构件工厂的安全管理要点

由于装配式建筑安全管理范围的扩大和延伸，预制构件工厂的安全管理也是装配式建筑安全管理的重要环节。在预制构件工厂的安全管理中要注意一些具体的安全管理措施：

（1）建立完善的安全生产责任制：明确各级管理人员和员工的安全生产责任，建立健全安全管理机制和责任追究制度。

（2）制定生产环节操作规程：明确每个生产环节的操作规程，包括安全操作规范、操作流程、应急处理措施等，确保操作规范化。

（3）制定作业岗位操作规程：对每个作业岗位进行规范化操作规程的制定，确保员工按规定操作，减少操作风险。

（4）制定机具设备操作规程：确保机具设备的安全操作规程得到遵守和执行，减少设备操作过程中的安全隐患。

（5）落实劳动防护措施：提供必要的劳动防护用具，确保员工在作业过程中的安全防护措施到位。

（6）加强安全生产检查：定期进行安全生产检查，发现问题及时整改，保障生产过程中的安全。

（7）开展安全教育培训：定期组织安全教育培训活动，提高员工的安全意识和应急处置能力。

通过以上安全管理要点的贯彻执行，预制构件工厂可以有效提升安全管理水平，确保安全生产。

如图 4-6 所示为构件工厂安全管理要点。

17. 预制构件工厂

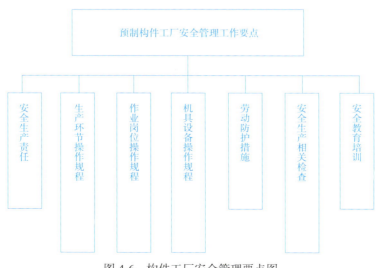

图 4-6　构件工厂安全管理要点图

（1）安全管理中的三原则和十个注意事项

1）安全生产三原则

①整理、整顿工厂作业场地，形成一个整洁、有序的环境。

②经常维护设备、设施、工具。

③按照规范、标准进行作业操作。

如图4-7所示为图解"整理整顿"

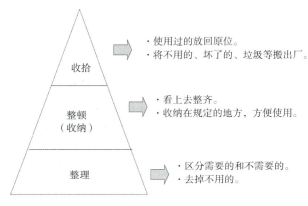

图4-7　图解"整理整顿"

2）安全管理的十个注意事项

①工厂7S管理制度是否执行到位。

②新员工的培训工作和监督指导是否到位。

③是否存在预制构件吊钉位置偏移、歪斜、松动的情形。

④是否有预制构件吊钉位置不合理、吊钉承载力不够或起吊方案不完善的情形。

⑤是否存在超重起吊、起吊时构件被卡住或接驳器未接驳到位的情形。

⑥预制构件存放、运输是否有倒塌的危险。

⑦人是否会有触碰上起吊的重物和行走的模台、车辆的危险。

⑧是否有模具设计、安装、堆放不合理而影响模台运行和人员安全的情况。

⑨是否有设备设施故障而带病运行或超负荷运行的情况。

⑩应对临时或突发状况的对策是否完备。

如图4-8所示为车间7S管理。

（2）建立安全生产责任制，明确各岗位安全负责人

预制构件工厂管理层设立安全生产委员会，由工厂第一责任人即厂长担任安全委员会主任，成员由工厂相关管理部门负责人组成，负责工厂的安全管理工作；车间设立安全生产小组，负责模具组装、钢筋加工、构件制作、起重吊运、养护脱模及存放装车等作业，班长为小组成员；设置专职安全员负责生产中具体的安全监督管理工作。

1）厂长是预制构件工厂安全生产的第一责任人，对本单位的安全生产负有以下职责：

图 4-8 车间 7S 管理

①应建立健全工厂安全生产责任制，组织制定并督促工厂的安全生产管理制度和安全操作规程的落实。

②定期研究布置工厂安全生产工作，接受政府及上级安全主管部门对安全生产工作的监督。

③组织开展与预制构件生产有关的一系列安全生产教育培训、安全文明建设。

2）预制构件工厂安全管理人员的配备数量应符合《建筑施工企业安全生产管理机构设置及专职安全生产管理人员配备办法》（建质[2008]91号）以及当地安全主管部门的要求。

安全生产管理人员应具备管理预制构件安全生产的能力，并经相关主管部门的安全生产知识和管理能力考核合格，并持有有效期内的上岗证。安全生产管理人员对安全生产负有以下职责：

①熟悉安全生产的相关法律法规，熟悉预制构件生产各环节的生产安全操作规程等。

②负责拟定相关安全规章制度、安全防护措施、安全应急预案等。

③组织各生产环节员工安全教育培训、安全技术交底等工作。

④根据生产进度情况，对各生产环节进行安全大检查。

⑤负责设置危险部位和危险源警示标志。

⑥建立安全生产管理台账，并记录和管理相关安全资料。

（3）制定安全操作规程并进行落实和培训

1）制定各生产环节的安全操作规程

对预制构件各生产环节制定相应的安全操作规程，建立健全各项制度，并组织施工人员进行培训，生产人员必须遵守安全操作规程进行生产作业，明确各生产环节的安全要点，杜绝危险隐患。

2）制定每个作业岗位的安全操作规程

①建立健全岗位安全操作规程，自觉遵守生产线、锅炉设备、搅拌站、配电房的安全生产规章制度和操作规程，按规定配备相应的劳保护具。在工作中做到"不伤害他人，不伤害自己，不被他人伤害"，同时劝阻他人的违章作业。

②从事特种设备的操作人员要参加专业培训，掌握本岗位操作技能，取得特种作业资格后持证上岗。

③参与识别和控制与工作岗位有关的危险源，严守操作规程，注意交叉施工作业中的安全防护，做好生产和设备使用记录，交接班时必须交接安全生产情况。

④对因违章操作、盲目蛮干或不听指挥而造成他人人身伤害事故和经济损失的，承担直接责任。

⑤正确分析、判断和处理各种事故隐患，把事故消灭在萌芽状态。如发生事故，要及时正确处理，如实上报、保护好现场并做好记录。

3）制定各种机具设备的操作规程

制定预制构件生产线设备、钢筋加工生产线设备、报物站设备、锅炉设备、起吊设备和电气焊设备等的操作规程，严格遵守设备安全操作规定，操作人员经考核合格后方可独立操作设备。

4）劳动防护措施

①在预制构件生产线、钢筋加工生产线、锅炉房、搅拌站、存放场地龙门吊、配电房等危险部位和危险源设置安全警示标志。

②针对不同班组、不同工种人员提供必要的安全条件和劳动防护用品，并缴纳工伤等保险，监督劳保用品佩戴使用情况，抓好落实工作。

5）安全生产检查

①通过定期和不定期的安全检查，督促、检查工厂安全规章制度的落实情况，及时发现并消除生产中存在的安全隐患，保证预制构件的安全生产。

②为了加强安全生产管理，安全检查应覆盖预制构件厂所有部门、生产车间、生产线。

③日常检查中主要检查用电、设备仪表、生产线运行、起重吊运预制构件车间内外的预制构件运输、预制构件存放、设备安全操作规程等情况。此外，应检查各种安全防护措施、安全标志标识的悬挂位置和是否齐全、消防器具的摆放位置与有效期、个人劳动保护用品的保管和使用等。

6）安全教育培训各作业人员上岗前应先接受"上岗前培训"和"作业前培训"，培训完成并考核通过后方能正式进入生产作业环节。

①上岗前培训：对各岗位人员进行岗位作业标准培训。

②作业前培训：对各工种人员进行安全操作规程培训，培训工作应秉承循序渐进的原则。

③培训工作应有书面的培训资料，培训完成后应有书面的培训记录，经培训人员签字后及时归档。

2. 场地与道路布置的安全

预制构件工厂应当把生产区域和办公区域分开，如果有生活区更要与生产区隔离，生产、办公与生活互不干扰、互不影响；试验室与混凝土搅拌站应当划分在一个区域内；没有集中供汽的工厂、锅炉房应当独立布置，如图4-9所示为构件工厂全景照片。

图4-9　构件工厂全景照片

生产区域应该按照生产流程划分，合理流畅的生产工艺布置会减少厂区内材料物品和产品的搬运，减少各工序区间的互相干扰，减少交叉作业，降低作业安全风险。

（1）道路布置

1）厂区内道路布置应满足原材料进厂、半成品场内运输和产品出厂的要求。

2）厂区道路要区分人行道与机动车道；机动车道宽度和弯道应满足长挂车（一般为17.5m）行驶和转弯半径的要求。

3）工厂规划阶段要对厂区道路布置进行作业流程推演，请有经验的预制构件工厂厂长和技术人员参与布置。

4）车间内道路布置要考虑钢筋、模具、混凝土、预制构件、人员的流动路线和要求，实行人、物分流，避免空间交叉，互相干扰，确保作业安全。

（2）存放场地布置

1）预制构件工厂里的构件存放场地应尽可能硬化，至少要铺碎石，排水要畅通。

2）室外存放场地需要配置10～20t，门式起重机，场地内应有预制构件运输车辆的专用通道。

3）预制构件的存放场地布置应与生产车间相邻，方便运输，减少运输距离。

3. 工艺设计安全要点

预制构件生产工艺设计时，应减少交叉施工，合理布置水、电、汽等线路和管道，降低安全风险。

（1）工艺交叉的安全防范措施

1）起吊重物时，系扣应牢固、安全，系扣的绳索应完整，不得有损伤。有损伤的吊绳和扣具应及时更换。

2）作业过程中，要随时对起重设备进行检查维护，发现问题及时处理，绝不留安全隐患。起吊作业时，作业范围内严禁站人。

3）操作设备或机械，起吊模板等物件时，应提醒周边人员注意安全，及时避让，以防意外发生。

4）使用机械或设备时应注意安全。机械或设备使用前应先目测有无明显外观损伤，检查电源线、插头、开关等有无破损，然后试开片刻，确认无异常方可正常使用。试开或使用中若有异响或感觉异样，应立即停止使用，请维修人员修理后方可使用，以免发生危险。

5）工具及小的零配件不得丢来甩去，模板等物搬移或挪位后应放置平稳，防止伤人。

（2）电源线的架空或地下布置

电源线布线方式有两种，一种是桥架方式，另一种是地沟方式；也可以采用桥架和地沟结合的混合方式。

预制构件工厂由于工艺需要有很多管网，例如蒸汽管网、供暖管网、供水管网、供电管网、工业气体管网、综合布线管网及排水管网等，应当在工厂规划阶段一并考虑进去，有条件的工厂可以建设小型地下管廊满足管网的铺设，方便维护与维修。

（3）用电保护

1）机械或设备的用电，必须按要求从指定的配电箱取用，不得私拉乱接。使用过程中如发生意外，不要惊慌，应立即切断电源，然后通知维修人员修理。严格禁止使用破损的插头、开关、电线。

2）对现场供电线路、设备进行全面检查，出现线路老化、安装不良、瓷瓶裂纹、绝缘能力降低及漏电等问题必须及时整改、更换。

3）电气设备和带电设备需要维护、维修时，一定要先切断电源再行处理，切忌带电冒险作业。

4）大风及下雨前必须及时将露天放置的配电箱、电焊机等做好防风防潮保护，防止雨水进入配电箱和电气设备内。食堂、生活区、办公区线路及用电设备也应做好防风防潮工作。

5）操作人员在当天工作全部完成后，一定要及时切断设备电源。

（4）蒸汽安全使用

1）在蒸汽管道附近工作时，应注意安全，避免烫伤。

2）严格禁止在蒸汽管道上休息。

3）打开或关闭蒸汽阀门时，必须带上厚实的手套以防烫伤。

4. 安全设施与劳动防护护具配置

在预制构件厂的危险源和危险区域应设置安全设施，操作工人穿戴好劳动保护用具方可开始作业。

（1）安全设施

1）生产区域内悬挂安全标牌与安全标志，如图 4-10 所示。

图 4-10　构件工厂安全标志示意

2）凡工厂之危险区域（易触电处、临边）应妥善遮拦，并于明显处设置"危险"标志。

3）车间内外的行车道路、人行道路要做好分区，分区后应安装区域围栏进行隔离。

4）厂房内外明显位置要摆放灭火器，灭火器要在有效期内。

5）立着存放的预制构件要有专用的存放架，存放架要结实牢固，以防止预制构件倒塌。

6）拆模后模具的临时存放，尤其是高大模具的存放需要有支撑架，支撑架要结实牢固，防止模具倒塌。

（2）劳保护具

作业人员防护用具包括安全鞋、安全帽、安全带、防目镜、电焊帽等。

1）进入生产区域必须佩戴安全帽，系紧下颚带，锁好带扣。

2）进行电气焊接、切割等作业，必须佩戴包括手套、电焊帽、防目镜等劳动保护用品。

3）高处作业必须系好安全带，系挂牢固，高挂低用。

4）使用手持式切割机修补预制构件时，应佩戴防目镜以防止灰渣崩入眼中。

5. 设备使用安全操作规程

预制构件工厂中存在大量机械设备，生产过程中须严格遵守相应的安全操作规程，避免对人身及财产安全造成危害。本部分内容主要从通用设备安全操作规程和预制构件生产线设备使用安全操作规程两个方面进行阐述。

（1）通用设备安全操作规程

1）机械设备危险是针对机械设备本身的运动部分而言的，如传动机构和刀具，高速运动的工件和切屑。如果设备有缺陷、防护装置失效或操作不当，则随时可能造成人身伤亡事故。生产中使用的搅拌机、布料机、行吊、钢筋加工设备等都有可能存在机械设备危险因素。

2）操作人员应做到熟悉设备的性能，熟练掌握设备正确的操作方法，严格执行设备安全操作规程。

3）设备操作人员必须经过培训并考试合格后方可上岗，必须佩戴相应的劳动保护用品，非操作人员切勿触碰设备开关或旋钮。

4）严禁非专业人员擅自修改设备及产品参数。

5）检查各安全防护装置是否有效，接地是否良好，电气按钮和开关是否在规定位置，机械及紧固件是否齐全完好；确保设备周围无影响作业安全的人和物。

6）禁止设备在工作时打开设备覆盖件，或在覆盖件打开时启动运行设备。

7）定期对各机械设备润滑点进行润滑。保证润滑良好；检查连接螺栓，保证连接螺栓无松动、脱落现象。

8）设备运行时，严禁人员、物品进入或靠近机械设备作业区内，确保设备安全运行。

9）禁止用湿手去触摸开关，要有足够的工作空间，以避免发生危险。

10）当设备出现异常或报警时应立即按紧急停止按钮，待处理完毕后，解除急停、正常运行。

11）设备停机时要确保各机械处于安全位置后再切断电源开关。

（2）预制构件生产线设备使用安全操作规程

1）翻板机工作前，检查翻板机的操作指示灯、夹紧机构、限位器是否正常工作。侧翻前务必保证夹紧机构和顶紧油缸将模台固定可靠。翻板机工作过程中，侧翻区域严禁站人，严禁超载运行。

2）清扫机应在工作前固定好辊刷与模台的相对位置，后续不能轻易改动。作业时，注意防止辊刷抱死，以免电动机烧坏。

3）隔离喷涂机工作中，应检查喷涂是否均匀，注意定期回收油槽中的隔离剂，避免污染环境。

4）混凝土输送机、布料机工作过程中，严禁用手或工具深入旋转筒中扒料。禁止料斗超载。

5）模台振动时，禁止人站在振动台上，应与振动台保持安全距离。禁止在振动台停稳之前启动振动电机，禁止在自动振动时进行除振动量调节之外的其他动作。振动台作业人员和附近人员要佩戴耳塞等防护用品，做好听力安全防护，防止振动噪声对听力造成损伤。

6）模台横移车负载运行时，前后禁止站人，轨道上应清理干净无杂物。两台横移车不同步时，须停机调整，禁止两台横移车在不同步情况下运行。必须严格按照规定的先后顺序进行操作。

7）振动板在下降过程中，任何人员不得在振动板下部。振动赶平机在升降过程中，操作人员不得将手放在连杆和固定杆的夹角中，避免夹伤。

8）预养护窑在工作前应检查汽路和水路是否正常，连接是否可靠。预养护窑开关门动作与模台行进动作是否实现互锁保护。

9）磨光机开机前，应检查电动葫芦连接是否可靠，并检查抹盘连接是否牢固，避免抹光时抹盘飞出。

10）立体养护窑与预养护窑操作类似，检修时应做好照明和安全防护，防止失落。

11）码垛机工作前务必保证操作指示灯、限位传感器等安全装置工作正常。重点检查钢丝有无断丝、扭结、变形等安全隐患。在码垛机顶部检查时，须做好安全防护，防止跌落。

12）中央控制系统应注意检查各部件功能、网络是否接入正常。

13）拉毛机运行时严禁用手或工具接触拉刀。工作前，先行调试拉刀下降装置。根据预制构件的厚度不同，设置不同的下降量，保证拉刀与混凝土表面的合理角度。

14）模台运行、流水线工作时，操作人员禁止站在限应防撞导向轮导向方向进行操作；两个模台中间段禁止站人。模台运行前，要先检验自动安全防护切断系统和破应防撞装置是否正常。

（3）搅拌站设备操作安全措施

1）搅拌站作业前应检查各仪表、指示信号是否准确可靠，检查传动机构、工作装置、制动器是否牢固和可靠，检查大齿圈、皮带轮等部位防护罩是否设置。

2）骨料规格应与搅拌机的搅拌性能相符，超出许可范围的不得作业。

3）应定期向大齿圈、跑道等转动磨损部位加注润滑油。

4）正式作业前应先进行空车运转，检查搅拌筒或搅拌叶的运转方向，正常后方可继续作业。

5）进料时，严禁进入机架间查看，不得使用手或工具深入搅拌筒内扒料。

6）向搅拌机内加料应在搅拌机转动时进行，不得中途停机或在满载时启动搅拌机，反转出料时除外。

7）操作人员需进入搅拌机时，必须切断电源，设置专人监护，或卸下熔断锁并锁好电闸箱后，方可进入搅拌机作业。

6. 常见违章环节与安全培训

作业人员上岗前应进行安全培训，并经考核合格后方可上岗作业，应明确常见的违章作业及造成的后果。

（1）常见违章环节

1）起吊预制构件时要检查好吊具或吊索是否完好，如发现异常要立即更换。

2）起重机吊装预制构件运输时，要注意预制构件吊起高度，避免碰到人。吊运时起重机警报器要一直开启。

3）放置预制构件时一定要摆放平稳，防止预制构件倒塌。

4）大型预制构件脱模后，钢模板尽量平放，若出现立放时，应有临时模具存放架，避免出现钢模板倒塌，给操作人员造成伤害。

5）使用角磨机必须要佩戴防目镜，避免磨出的颗粒崩到眼睛里，使用后必须把角磨机的开关关掉，不要直接拔电源，避免再次使用时插上电源后角磨机直接转动，操作人员没有防备造成伤害。

6）清理搅拌机内部时必须要关闭电源。

（2）安全培训

主要从预制构件生产概况、工艺方法、危险区、危险源及各类不安全因素和有关安全生产防护的基本知识着手，进行安全教育培训。在安全培训中，结合典型事故案例进行教育，可以使工人对从事的工作有更加深刻的安全意识，避免此类事故的发生。

1）安全培训形式

安全教育培训可采取多种形式进行，如：

①举办安全教育培训班，上安全课，举办安全知识讲座。

②既可以在车间内实地讲解，也可以到其他安全生产模范单位去观摩学习。

③在工厂内举办图片展、播放安全教育影片、黑板报、张贴简报通报等。

安全教育培训后，应采取书面考试、现场提问或现场操作等形式检查培训效果，合格者持证上岗，不合格者继续学习补考。

2）安全培训内容

①预制构件生产线安全（模台运行、清扫机、画线机、振动台、赶平机、抹光机等设备安全）、钢筋加工线安全、搅拌站生产安全、桥式门吊和龙门吊吊运安全、地面车辆运行安全、用电安全、预制构件蒸汽养护和蒸汽锅炉及管道安全等。

存放场地龙门吊安全管理中除了确保吊运安全以外，还要防止龙门吊溜跑事故。每日下班前，应实施龙门吊的手动制动锁定，并穿上铁鞋进行制动双保险后，方可离开。

②预制构件安全，主要是指按照安全操作规程要求起运、存放预制构件。要进行预制构件吊点位置和扁担梁的受力计算、预制构件强度达到要求后方可起吊。正确选择存放预制构件时垫木的位置，多层预制构件叠放时不得超过规范要求的层数等。

③消防安全管理，主要是指用电安全、防火安全。

④厂区交通安全

a. 运送货物或构件的运输车辆应按照规定的路线行驶，在规定的区域内停靠。

b. 厂区内行驶的机动车调头、转弯、通过交叉路口及大门口时应减速慢行，做到"一慢、二看、三通过"。

c. 让车与会车：载货运输车让小车和电动车先行，大型车让小型车先行，空车让重车先行。

d. 工厂区内机动车的行驶速度不得超过规定（一般为 15km/h），冰雪天气时车速不应超过 10km/h。

4.2.2 文明生产要点

文明施工不仅是现代企业的标志，也是社会进步和企业管理水平的重要体现，同时也是一项系统的基础工作。通过文明施工可以改善职工队伍的精神风貌，提高群体的文明素质和培养遵纪守法的良好习惯。一个文明施工的队伍反过来能够更有效地提高劳动生产率，促进企业整体水平的再提高。

1. 环境保护

在施工期间，严格执行国家和地方有关环境保护方面的规定和标准至关重要，以创造一个良好的工作生态环境。环境保护要求做到以下内容：

（1）生产现场原材料应堆放整齐，按品种、规格分别码放。

（2）使用散装水泥必须装入水泥罐，做好密封保护，防止散料溢出，造成粉尘污染。

（3）生产废弃物垃圾、现场灰渣应在每天班后及时清理，倒在指定地点，予以封盖，统一外运。

（4）石料场必须覆盖，防止扬尘。

（5）搅拌料厂要按时洒水降尘。机器设备要经常维护，保持整洁。

（6）现场运输时，装载物不超过运输车辆装载容积，避免遗洒。

（7）成品、半成品应在指定地点存放，标识清楚。

（8）生产车间要保持环境清洁，各种废料要集中回收，放置在指定地点。

（9）浇筑时的料斗要在指定地点进行冲洗。污水经过沉淀后，方可排出。

（10）混凝土在运输过程中要防止漏洒。

（11）车间内禁止吸烟。

2. 安全文明目标及保证措施

（1）安全文明管理目标

1）在生产中，始终贯彻"安全第一、预防为主"的安全生产工作方针，认真执行国务院、建设部关于建筑施工企业安全生产管理的各项规定，把安全生产工作纳入施工组织设计和施工管理计划，使安全生产工作与生产任务紧密结合，保证施工人员在生产过程中的安全与健康，严防各类事故发生，以安全促生产。

2）强化安全生产管理，通过组织落实、责任到人、定期检查、认真整改，杜绝死亡事故，确保无重大工伤事故，严格控制轻伤频率在千分之三以内。

3）强化作业环境，确保不发生中毒、窒息事故。

①在施工过程中加强对有毒有害物质的管理，对操作人员进行培训交底、知识教育；

②保证作业环境有良好的通风条件，对操作人员按有关规定发放使用劳保用品；

③对操作者进行监督检查，保证100%持证上岗率。

（2）安全管理组织体系

1）安全管理体系框架图如图4-11所示。

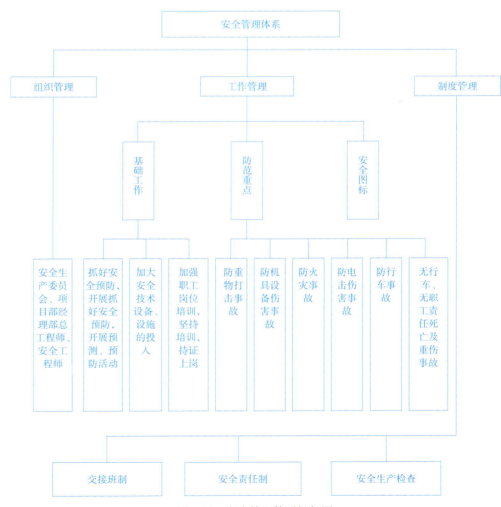

图4-11　安全管理体系框架图

2）制定安全生产的教育与培训计划，对新入职的职工及时进行安全教育，以及进行必要的岗位培训。

3）建立完善的联检制度，定期进行安全检查，对存在的安全隐患问题要及时采取措施整改。

4）对电焊工、起重工等特殊工种要严格管理，做到持证上岗，安全操作。

（3）文明施工实施方案

成立文明施工领导小组，在上级文明施工领导小组的指导下开展工作。

1）必须严格按照程序文件及作业指导书的要求进行施工，严禁违章作业。

2）现场整齐有序，条理分明，应做到：

①现场使用材料应堆放整齐、有序。

②工具、设备按照规定的位置摆放。

③夜间施工时要保证道路畅通、路口设立醒目标识并有足够的照明设施。

3）施工现场与生活区分开，维持所有房屋处于清洁并适合人群居住条件。

①注意水土保护，经常清扫周围环境，防止疾病传播。

②禁止闲杂人员进入施工现场。

③注意维修、保养所有的便道、供电系统等。

3. 施工安全应急救援措施

为预防可能发生的各种潜在的事故和紧急情况，尽量减少火灾、爆炸、中毒、交通、自然灾害等安全事故，减少对人员和环境的不利影响，做到有效控制与处理，厂部成立应急救援准备与相应控制领导小组。

及时有效地处理重大突发事件对工程正常生产秩序的影响，建立以项目领导班子为首的工作领导小组。在事故发生第一时间内启动应急机制，保证做到：统一指挥、职责明确、信息畅通、反应迅速、处置果断，把事故损失降到最低。

4. 企业形象

现在，许多企业已经制定了 CI（企业识别）战略，对企业形象进行策划、设计，制定了企业形象手册。建筑企业形象手册一般有：

（1）保证现场临建的标准，统一工地外貌，办公室、会议室，按公司形象手册统一要求进行设计、施工；办公室、食堂、卫生间等按统一相应规定装修、配置；保证各办公室、会议室门牌、各类指示性、警示性标牌的统一。

（2）施工现场全体人员佩戴统一制作的胸卡。安全帽有企业的统一标志，正面贴公司徽章。

（3）正对大门位置可以放置放大的公司质量方针标牌。

（4）施工现场道路坚实、平坦、整洁，在施工过程中保持畅通。

（5）建立健全现场施工管理人员岗位责任制，并挂在办公室的墙上，使自己能随时看到自己的责任，把现场管理工作抓好。

如图 4-12 所示为文明施工现场。

施工现场形象对企业形象、企业实力和企业层次有很强的展现力，施工现场形象策划围绕企业总体目标，分为规划阶段、实施阶段和检查验收阶段三部分进行。

图 4-12 文明施工现场

在现场形象规划阶段，围绕企业总体目标，并结合现场实际及环境，在机构内部组建现场形象工作领导小组和现场形象工作执行小组，确定现场形象目标及实施计划。编制《现场形象设计及实施细则》《现场视觉形象具体实施方案》《现场形象工作管理制度》，保证形象工作从策划设计及实施全面受控。

在现场形象实施阶段，由形象执行小组按照现场形象策划总体设计要求落实责任，具体实施。工作内容主要包含：施工平面形象总体策划，员工行为规范办公及着装要求，现场外貌视觉策划，主体工程形象整体策划，工程"六牌两图"设计，工程宣传牌、导向牌及标志牌设计，施工机械、机具标识，材料堆码要求等方面。把形象实施与施工质量、安全、文明及卫生结合起来抓，并注意随着施工进度改变宣传形式。

在现场形象检查验收阶段，形象工作检查分局部及整体效果进行质量目标检查验收，从理念、行为到视觉识别，深化到用户满意理念，提高内在素质，保证外在效果。

5. 人员形象

企业全体员工可以采用挂牌上岗制度，安全帽、工作服统一规范。安全值班人员佩戴不同颜色标记，如：工地安全负责人戴黄底红字臂章，班组安全员戴红底黄字袖章。

（1）安全帽：管理人员和各类操作人员佩戴不同颜色安全帽以示区别，如项目经理、集团公司管理人员及外来检查人员戴红色安全帽；一般施工管理人员戴白色安全帽；操作工人戴黄色安全帽；机械操作人员戴蓝色安全帽；机械吊车指挥戴红色安全帽。一般在安全帽前方正中粘贴或喷绘企业标志。

（2）服装：所有操作人员统一服装。

（3）胸卡：全体人员佩戴统一制作的胸卡。

项目4 装配式混凝土预制构件质量和安全管理

［任务清单］ 🔍

小组共同阅读理论知识，研讨、总结学习体会，完成以下考核任务清单。

考核任务清单

班级	姓名	学号

一、填空题

1._____是预制构件工厂安全生产的第一责任人，对本单位的安全生产负总责。

2.凡工厂之危险区域（易触电处、临边）应妥善遮拦，并于明显处设置_____标志。

3.作业人员上岗前应进行_____，并经_____后方可上岗作业，应明确常见的违章作业及造成的后果。

4.起吊预制构件时要检查好吊具或吊索是否完好，如发现异常要_____。

5.厂区内行驶的机动车调头、转弯、通过交叉路口及大门口时应减速慢行，做到_____。

6.工厂区内机动车的行驶速度不得超过规定（一般为_____），冰雪天气时车速不应超过_____。

7.在生产中，始终贯彻"_____"的安全生产工作方针。

8.在施工过程中加强对有毒有害物质的管理，对操作人员进行_____、_____。

9.对电焊工、起重工等特殊工种要严格管理，做到_____，安全操作。

二、简答题

1.简述预制构件工厂质量管理体系的安全生产三原则。

2.什么是车间7S管理？

3.安全生产管理人员对安全生产负有哪些职责？

4.简述预制构件生产线设备使用安全操作规程。

191

[成绩考核]

自我评价及教师评价

	任务名称			
	姓名学号		班级组别	
序号	考核项目	分值	自我评定成绩	教师评定成绩
1	态度认真，思想意识高	10		
2	遵守纪律，积极完成小组任务	20		
3	能够独立完成任务清单	40		
4	能够按时完成课程练习	15		
5	书写规范、完整	15		

任务总结：

组长评价：

教师评价：　　　　　评价时间：

参考文献

[1] 国家市场监督管理总局,国家标准化管理委员会.建筑用轻质隔墙条板:GB/T 23451—2023[S].北京:中国标准出版社,2023.

[2] 中华人民共和国住房和城乡建设部.建筑隔墙用轻质条板通用技术要求:JG/T 169—2016[S].北京:中国标准出版社,2016.

[3] 中华人民共和国住房和城乡建设部.预制混凝土楼梯:JG/T 562—2018[S].北京:中国标准出版社,2018.

[4] 中华人民共和国住房和城乡建设部.预制混凝土外挂墙板应用技术标准:JGJ/T 458—2018[S].北京:中国建筑工业出版社,2019.

[5] 张金树,王春长.装配式建筑混凝土预制构件生产与管理[M].北京:中国建筑工业出版社,2017.

[6] 中华人民共和国住房和城乡建设部.装配式混凝土结构技术规程:JGJ 1—2014[S].北京:中国建筑业出版社,2014.

[7] 中华人民共和国住房和城乡建部.装配式混凝土建筑技术标准:GB/T 51231—2016[S].北京:中国建筑工业出版社,2017.

[8] 中华人民共和国住房和城乡建设部.混凝土结构工程施工规范:GB 50666—2011[S].北京:中国建筑工业出版社,2012.

[9] 中华人民共和国工业和信息化部.装配式建筑 预制混凝土楼板:JC/T 2505—2019[S].中国建材工业出版社,2019.

[10] 中华人民共和国国家质量监督检验检疫总局中国国家标准化管理委员会.钢筋混凝土用钢 第1部分:热轧光圆钢筋:GB/T 1499.1—2024[S].北京:中国标准出版社,2024.

[11] 中华人民共和国国家质量监督检验检疫总局中国国家标准化管理委员会.钢筋混凝土用钢 第2部分:热轧带肋钢筋:GB/T 1499.2—2024[S].北京:中国标准出版社,2024.

[12] 中华人民共和国国家质量监督检验检疫总局中国国家标准化管理委员会.钢筋混凝土用钢 第3部分:钢筋焊接网:GB/T 1499.3—2022[S].北京:中国标准出版社,2022.

[13] 中华人民共和国住房和城乡建设部.混凝土结构用钢筋间隔件应用技术规程:JGJ/T 219—2010[S].北京:中国建筑工业出版社,2011.

[14] 中华人民共和国住房和城乡建设部.钢筋连接用灌浆套筒:JG/T 398—2019[S].北京:中国标准出版社,2019.

[15] 中华人民共和国住房和城乡建设部.混凝土结构工程施工质量验收规范:GB 50204—2015[S].北京:中国建筑工业出版社,2015.

[16] 国家市场监督管理总局,国家标准化管理委员会.通用硅酸盐水泥:GB 175—2023[S].北京:中国标准出版社,2023.

[17] 《建筑施工手册》编委会. 建筑施工手册（第五版）[M]. 北京：中国建筑工业出版社，2012.

[18] 许胜才，邓礼娇，蔡军，等. 基于 BIM 的装配式混凝土结构深化设计课程建设 [J]. 高等工程教育研究，2022（1）：68-74.

[19] 申琪玉，陈振，李忠. 装配式建筑现场施工人才素质能力需求及培训途径研究——以广州市为例 [J]. 建筑经济，2021，42（S1）：189-192.

[20] 鲁晓书. 装配式建筑产业化人才学习机理研究 [D]. 南京：东南大学，2020.

[21] 黄关山. "1+X" 证书制度背景下高职产教融合实训基地建设实践 [J]. 职教论坛，2021，37（9）：134-138.